这本书属于：

太空猫
星际穿越

【英】多米尼克·瓦里曼 / 著　【英】本·纽曼 / 绘

蔡莲莉 / 译

长江出版传媒　长江少年儿童出版社

每当傍晚太阳落山时，太阳的最后一抹光芒洒向天空，颜色美丽极了。当黑夜逐渐来临时，这些颜色便会消散，留下深邃黑暗的天空，闪烁着点点繁星。当你抬头看着星星，注视着周围的黑暗时，你正面对着这个世界上最广袤无垠的宇宙！

　　晚上我们的太阳到底去哪儿了？星星是由什么组成的？它们来自哪里？我们在宇宙中是独一无二的吗？在遥远的星球上，是不是有某个男孩或女孩也和我们一样，看着同样的天空，思考着同样的问题？

　　我们的宇宙极其复杂。许多科学家耗费了毕生的精力，试图去解开宇宙的秘密——然而，仍然有很多秘密是未知的。但是请不要担心，太空猫就在这里，他将是你遇到过的最聪明的猫！就让我们关好舱门，系好安全带，离开地球，**跟随太空猫来一场穿越星际之旅吧！**

宇 宙

　　提到宇宙，我们能确定的一件事就是：它真的非常非常大。因为宇宙拥有天空中的所有星星，以及比这更多的东西！事实上，因为宇宙太大了，我们甚至无法确定它是否有尽头。试想一下，你坐在离开地球的太空船里，在漫无边际的宇宙中肆意遨游，你不用担心太空船会撞到任何东西——对的，宇宙就是这么大。好啦，这个话题就先说到这里，让我们先从最基本的问题谈起。宇宙到底是怎么产生的呢？

　　宇宙诞生于 137 亿年前的"大爆炸"。宇宙中的每一种物质都是在那个时候产生的：比如形成恒星和行星的所有物质以及它们之间流动着的能量等等，甚至连时空也是在大爆炸时期诞生的。没有人知道这一切到底是怎么发生的，直到今天，这依然是科学史上最大的谜题之一！

宇宙源于大爆炸：
137 亿年前。

在大爆炸发生 37.7 万年后，原子形成，
光子可以自由移动。

　　随着时间的推移，宇宙逐渐向各个方向延伸，并开始成形。这要归功于能量的活动和微粒的产生。在大约几十万年后，微粒聚在一起形成原子，这便是我们在宇宙中看到的组成所有物质的基本单元。光就是在这个时候诞生的，它能够在宇宙中自由运动。这简直太棒了！

恒星的诞生

你以为只有在晚上才看得到恒星吗？错啦——太阳也是一颗恒星，而你每天都能看见它！太阳是一颗相当普通的恒星，自地球上有生命以来，它就一直保持着恒定的温度，散发着耀眼的光芒。和太阳相比，其他的恒星都离我们太远了，因此夜空中的它们看起来总是那么渺小。那么，恒星是怎么诞生的呢？

最开始，恒星是由氢气组成的云状物。这些氢气是宇宙大爆炸或早期爆炸的恒星留下的。

慢慢地，引力将这些气体汇集在一起，形成块状物。这些块状物开始旋转、变热。

当气体越来越密集，热量足够多的时候，它们便会聚集在一起，瞬间形成一颗闪耀的新恒星。

太不可思议了！

哇！

恒星的类型

巨型恒星很大，因此具有很多热量，光芒耀眼。不过，这种巨大的能量会导致它们迅速自燃，因而它们的寿命都比太阳短。

巨型恒星

红矮星

红矮星质量比太阳小，但寿命相当长。因为它们质量小，所以它们中心的核反应相对缓慢、稳定，这种反应过程可持续数千亿年。

褐矮星是质量介于最小恒星与最大行星之间的天体。虽然它们不足以将氢元素聚集在一起，但是可以创造出其他的元素。褐矮星很小，发出的光线很暗，因此难以被发现。

褐矮星

主序星

众所周知，太阳是一颗主序星，而这样的恒星还有很多。在我们能观察到的恒星中，主序星占了 90%。它们是最有可能让生命存在的星球。

它们好漂亮呀！

太神奇了！

星　系

我们在地球上能看到的恒星只是星系的一部分而已！星系由无数个恒星组成，像一个巨大的宇宙漩涡。我们所处的星系叫银河系，看起来有点儿像轮状的烟花。银河系的恒星数不胜数，太阳系绕行银河系一圈需要花费 2.25-2.5 亿年。

夜晚，在远离城市灯光的乡村，你用肉眼就能看到银河系。那是一条在天空中绵延的奶白色光带，异常美丽。

我们在这里！

在银河系之外还有许多星系，它们都由无数个恒星组成。这些星系形状、大小各异，有些是像银河系一样呈美丽的漩涡状，有些则是由庞大的恒星混乱排列而成的，就像是一大群蜜蜂聚集在一起似的。你可以用肉眼观察到其中的一些星系，但因为大部分的星系离我们都很遥远，所以你需要借助望远镜才能看到它们。利用目前最强大的望远镜，我们可以看到宇宙深处的星系。我们相信，在宇宙深处一定还有更多的星系。

离银河系最近的巨大星系是仙女星系，它距离银河系大约 250 万光年。因为距离真的太远，所以它发出的光穿越宇宙到达地球大约需要 250 万年。也就是说，我们看到的仙女星系其实来自遥远的古代——那时候，地球上甚至还没有人类！

你观察到的星系越远，你所接触到的过去就越古老。所以，我们现在所看到的最远的星系其实来自非常遥远的过去。这个星系名为 UDFj-39546284，位于可见宇宙的边缘地带。我们现在看到的是它在宇宙大爆炸后不久的样子。

光的速度

因为宇宙里天体间的距离都太遥远，所以我们无法用米或千米来衡量它们之间的距离，而是用光年！1光年指的是光在真空中1个地球年的时间里直线传播的距离。光是宇宙中移动速度最快的物质，它可以在极短的时间内移动相当长的距离——1秒钟，它可以绕地球转7周半！

太 阳

对我们来说，太阳是最重要的恒星，它能为地球上的所有生物提供光和热量。它和天空中的其他恒星是一样的，只不过它看起来比较大而已。太阳的质量相当庞大，如果它是空心的，大概需要 100 万颗地球才能将其填满。太阳和其他恒星一样，也是一颗大火球，它处于持续不断的爆发之中。

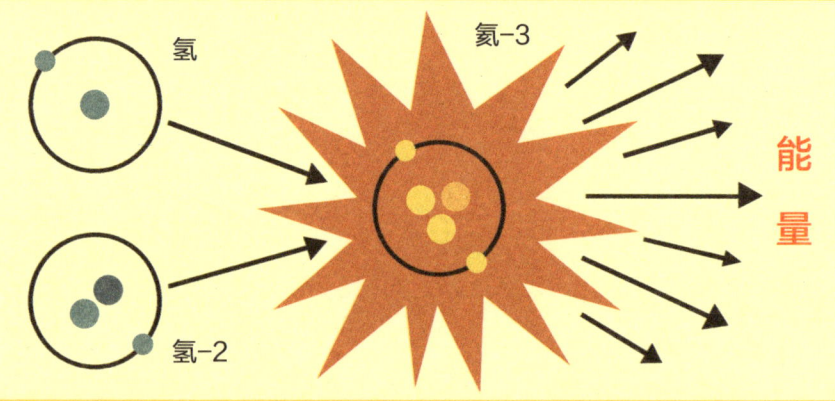

太阳释放的光和热量是由聚变反应产生的。其中心巨大的压力和极高的温度可以将原子聚集在一起，并释放出大量能量。太阳由超级热的气体组成，包括 74% 的氢气、25% 的氦气以及 1% 的其他气体。你可能听说过氦气——人们会用氦气给气球充气，使其在空中漂浮。而氢气同样也可以用来充气，不过人们一般不会这样做——因为氢气是易爆气体！

你知道吗？
我们在地球上感受到的阳光，从太阳表面到达地球表面大约需要 8 分钟。

太阳是一颗奇热无比的恒星：表面温度达 5500 摄氏度，中心温度达 1500 万摄氏度。

日冕层
太阳温度最高的部分位于日冕层外侧，温度可达 2000 万摄氏度！这一温度比太阳中心发生聚变反应时的温度还高。

对流区

辐射区

核心

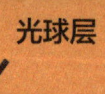

光球层

色球层

色球层是太阳温度最低的部分，顶部的温度为 4300 摄氏度，不过这样的温度也足以熔化一艘宇宙飞船。

太阳黑子是太阳表面因温度相对较低而显得"黑"的局部区域。太阳色球层某些区域突然增亮的现象被称为太阳耀斑。

太阳耀斑

在我们看来,太阳每天都会在空中移动。然而,这其实是一种错觉。实际上,地球一直以太阳为中心在不停地转动。地球每天都在自转,于是就有了日出和日落——如同你围绕着一颗明亮的灯泡旋转,而那颗灯泡看起来就像在围绕着你飞翔似的。

太阳在释放光和热量的同时,也会释放大量的微粒。这些微粒会形成太阳风。地球的磁场是一个看不见的力场,它可以保护我们免受这些微粒的伤害。当大量微粒撞击磁场时,南北极的天空就会出现美丽的极光,也就是北极光和南极光。

太阳风

地球磁场

太阳系

太阳系共有 8 颗行星，它们以同样的方向围绕着太阳转动。太阳是太阳系的中心。太阳质量庞大，它拥有的引力足以将这些行星聚集在一起，并让它们在各自的轨道上围绕着太阳转动。引力是一种看不见的力，它就像绑在太阳和其他星球之间的一根绳子，能确保这些星球不会从太空中飘走。

距离太阳最近的 4 颗行星都由岩石组成，它们被称为类地行星。这些星球拥有坚硬的表面，你可以在上面行走。

另外 4 颗行星由气体组成，也就是说，当你踏上这些星球表面时，你会直接掉下去。这 4 颗"巨大的气球"体积比类地行星庞大许多，而且彼此之间的距离相当远。

长久以来，人们都认为太阳系中最遥远的行星是冥王星——一颗位于海王星之外的柯伊伯带的矮行星。近些年来，科学家不再将冥王星定义为行星，因为柯伊伯带上还有其他和冥王星差不多大、甚至比它更大的天体，比如 2005 年发现的阋神星。在柯伊伯带上，有成千上万个由岩石和冰组成的天体。

不好意思啊，冥王星，你现在已经不再被认定为行星了！

小行星带

火星和木星之间有一条小行星带。小行星和行星类似，也由岩石和金属组成，但质量相对较小。在数十亿年前，即在行星形成之前，太阳系看起来就像一条巨大的小行星带。随着时间的流逝，这些小行星逐渐聚集在一起，形成星球。天文学家认为，木星巨大的引力可使小行星带里的小行星彼此保持距离，而不会聚集在一起。因此，小行星带里的小行星永远也无法变成行星。

地　球

我们在宇宙中的家是一个蓝绿色的星球，它的名字叫作地球。地球是所有已知生物的家。这些生物是多么美妙，品种是多么丰富啊！地球上为什么会有如此多的植物和动物呢？因为地球拥有适合动植物生存的环境。动植物也不喜欢太热或太冷的星球。地球与太阳的距离适中，这样的温度正适合动植物的生长。

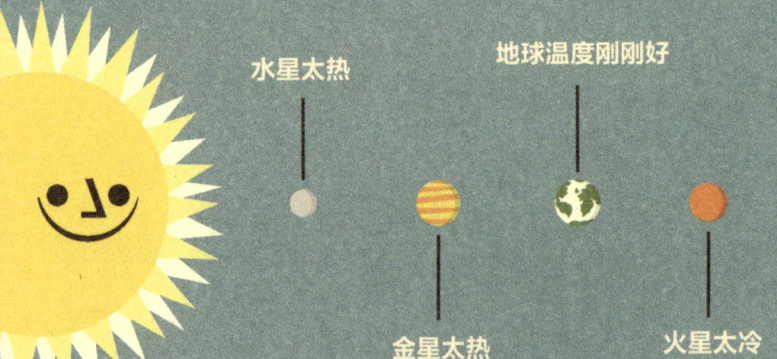

水星太热　　金星太热　　地球温度刚刚好　　火星太冷

水是生命之源，而我们的地球是太阳系中唯一一颗拥有大量水资源的星球。如果地球距离太阳太近，水会蒸发，那么地球会变成沙漠。而如果地球距离太阳太远，水又会结冰，地球无疑会像南北极一样寒冷。地球是适合保存水资源的星球，因为它与太阳保持适中的距离！

包围着地球的层层空气叫作大气层。它就像一条包裹着地球的温暖毛毯，能够保护我们免受来自太空的伤害。虽然太阳可以给生命提供光和热量，但太阳射线同样是有害的。因此，夏季要记得涂防晒霜，防止被晒伤。大气层可以阻挡大部分的太阳射线，同时维持地球的热量，防止地球变冷。

太阳射线

大气层反射的太阳射线

人类必须注意那些排放到大气中的气体。近些年来，由于发电站、汽车排放的废气以及滥伐森林的行为，大气层变得越来越厚——就像一条厚毛毯，导致地球温度变高。全球气温升高导致冰盖融化，海平面上升。这对我们和地球而言都是一个坏消息！

地球围绕太阳转动的速度极快：每秒钟达 30 千米。然而即便如此，地球围绕太阳转动一周也需要一整年的时间。

四季交替的原因在于地球的地轴是倾斜的。当地轴倾向太阳时，北半球白昼变长、天气温暖，那就是夏季；而当地轴远离太阳时，北半球白昼变短、天气寒冷，那就是冬季。

这幅图说的是北半球的情况。南半球的季节与北半球是相反的：在澳大利亚，圣诞节是在夏季。

地球的引力

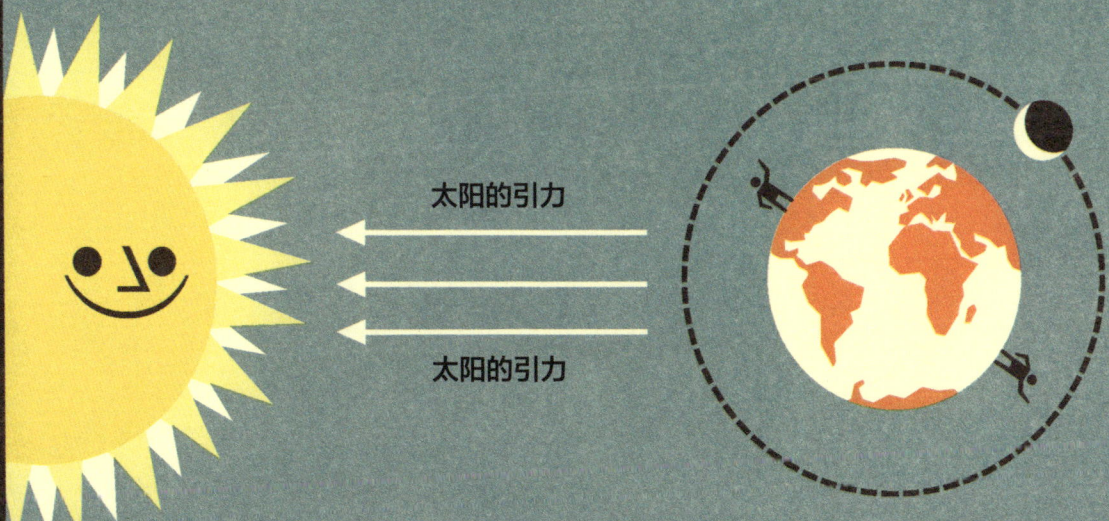

地球在太空转动时，我们并没有任何动的感觉。这是因为引力将我们固定在地面上。引力就像我们与地球之间的一条弹力绳，它可以防止我们在太空中漂移。不管你跳得多高，你都会回到地面上。引力存在于地球的每一个角落！

同样，也是因为引力，我们所呼吸的空气才不会飘到太空中去，月球才会围绕着地球转动，地球才会围绕太阳转动。事实上，太空中的每个天体都通过引力与其他天体相连。

月 球

月球是太空中距离我们最近的星球，是一颗巨大的岩石星球，可能是数十亿年前由地球与其他星球碰撞后形成的。现在的月球静静漂浮在地球旁边，是地球的永恒伴侣。不管我们什么时候看向月球，都只能看到它的一面。这是因为它自转和公转的方向和周期都是一样的。人类经常想象那未知的另一面是什么样子，直到1959年，前苏联"月球3号"探测器对月球进行了拍照，人们才知道那未知的另一面比我们所看到的一面更粗糙，环形山也更多。

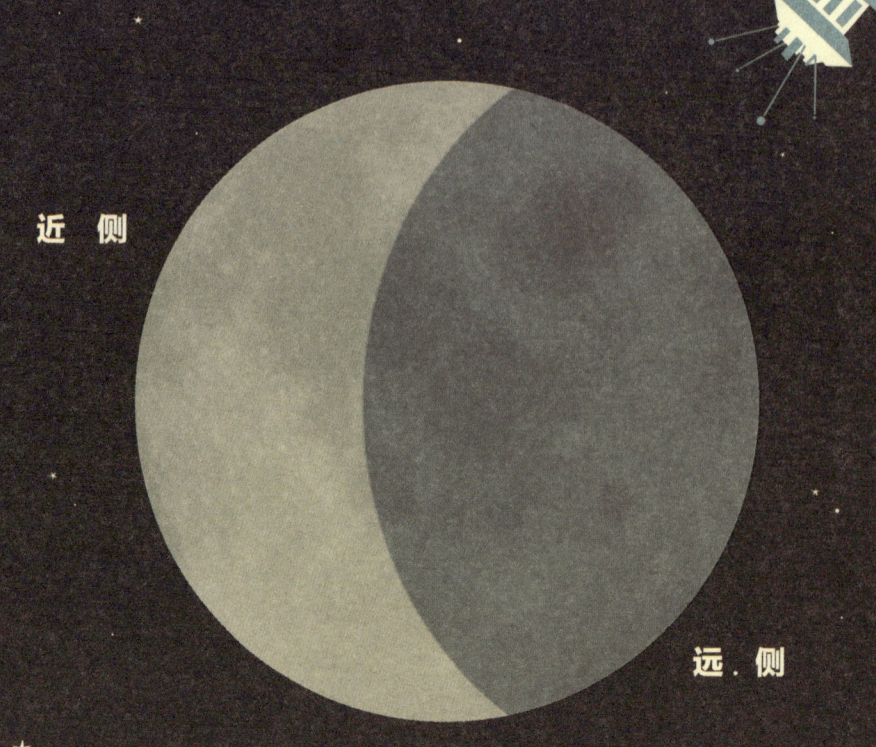

月球3号

近侧

远侧

月球难道是由奶酪构成的？

表面粗糙不平的月球看起来有点儿像瑞士奶酪！不过，月球并不是由奶酪构成的，它的构成物质和地球上的岩石一样，都是沙和金属。

月球围绕地球转动一周需要27.3个地球日，约为1个月。月球曾经在离地球更近的轨道上运行。但科学家们发现，月球正在以每年4厘米的速度慢慢地远离地球。因为这个距离很短，所以要经过许多年，我们才会发现夜空中的月亮变小了。

月球比地球小得多。还记得我们前面说过，一个空心的太阳需要多少个地球才能填满吧？而一个空心的地球需要50个月球才能填满。想一想，如果要填满太阳，那得需要多少个月球啊！

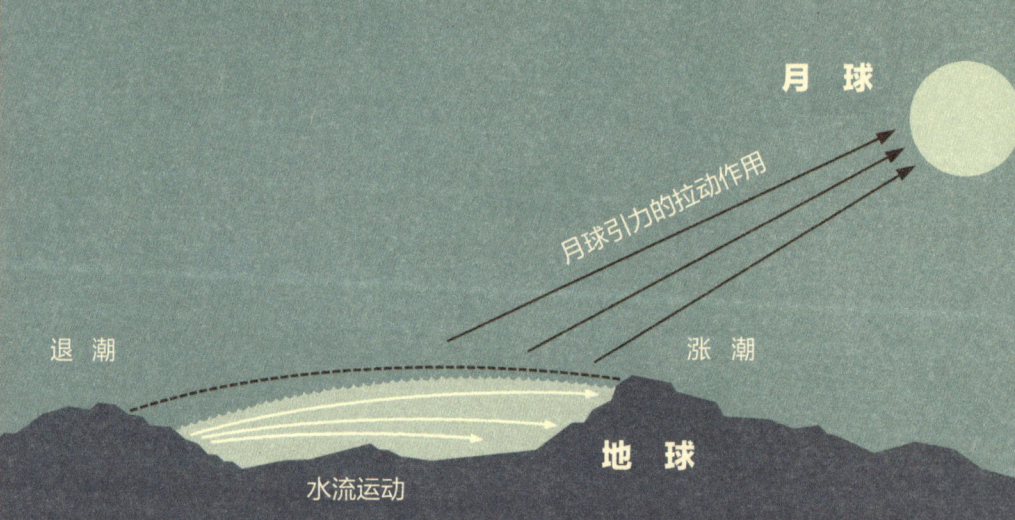

月球

月球引力的拉动作用

退潮　　　　　　涨潮

水流运动　　　地球

月球和地球的潮汐

即便月球离我们的地球很远，但它仍会通过引力对地球产生影响。因为月球，地球上的大海和大洋才会有潮涨潮落。地球转动时，水会经过地势高和地势低的区域，致使水在海边流进流出。月球可以将潮水推得更高，使其在岸边涌进涌出。要不是月球，地球上就不会有那么多潮汐——那样海星可就该头疼了！

不同形状的月亮

在一个月内，月亮的形状会逐渐发生变化：它会从新月变成满月，最后又变回新月。这是因为在每个月的不同时间里，太阳照射的是月球的不同地方。我们看到的不同形状的月亮，其实是被太阳照亮的不同面积和形状的月球表面。

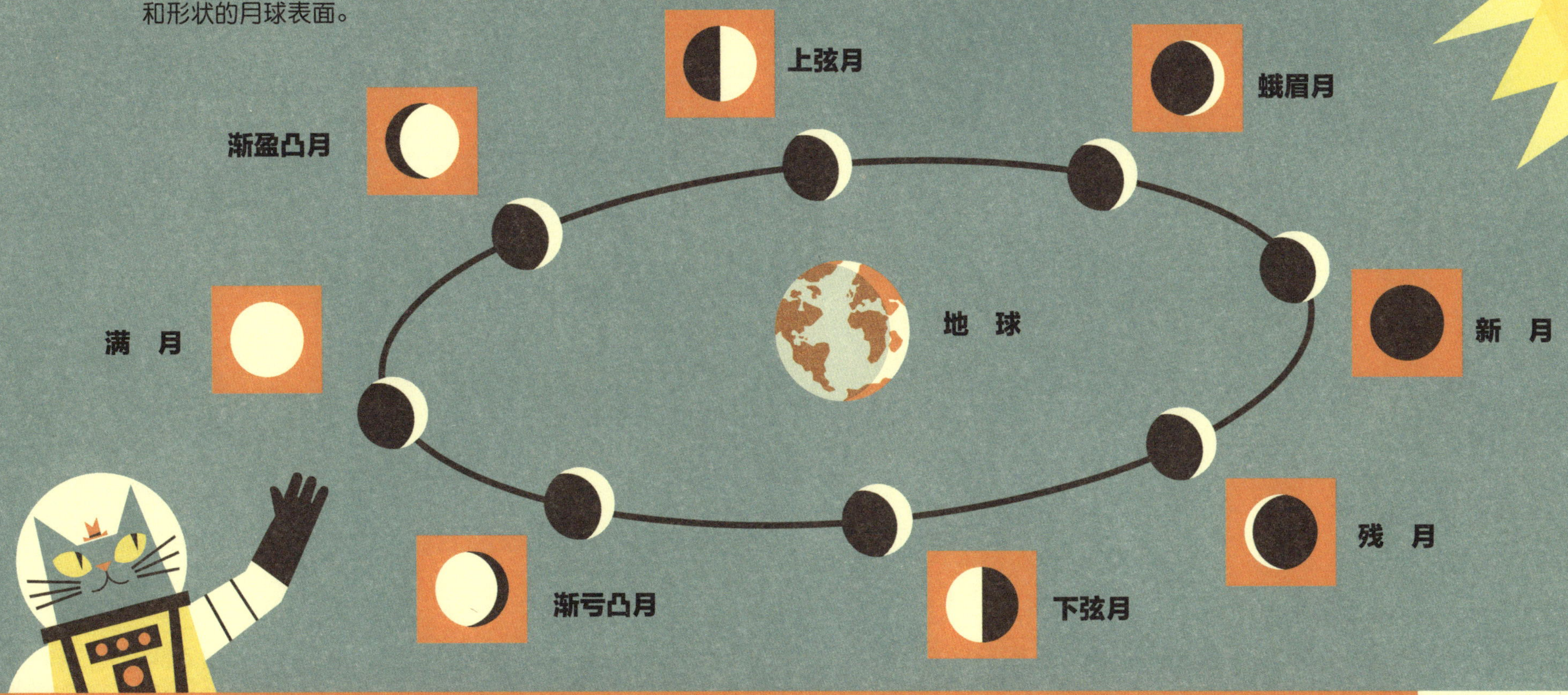

上弦月　蛾眉月　渐盈凸月　满月　新月　渐亏凸月　下弦月　残月　地球

日食和月食

对地球上的我们来说，天空中的太阳和月亮看起来是一样的。不过，这只是一个令人惊异的巧合。事实上，太阳和月亮的大小相差很大。太阳比月亮大得多，但它与地球的距离也比月球和地球的距离远得多。当月球运行至太阳正前方，位于太阳和地球中间时，它完全挡住了太阳，其身后的黑影正好落在地球上，这被称为日食。而当月球运行至地球的阴影部分时，则是月食。在这种情况下，空中那轮明亮的月亮会消失不见，几个小时后才会再次出现。

日食都发生在白天。当月球开始挡住太阳时，温度会降低，天色也会变暗。月球完全挡住太阳的时间可达 7 分半钟，而后它又会继续沿着轨道前进，太阳也会再次出现。观看日食时，记得不要直视太阳——因为太耀眼的阳光会伤害你的眼睛。

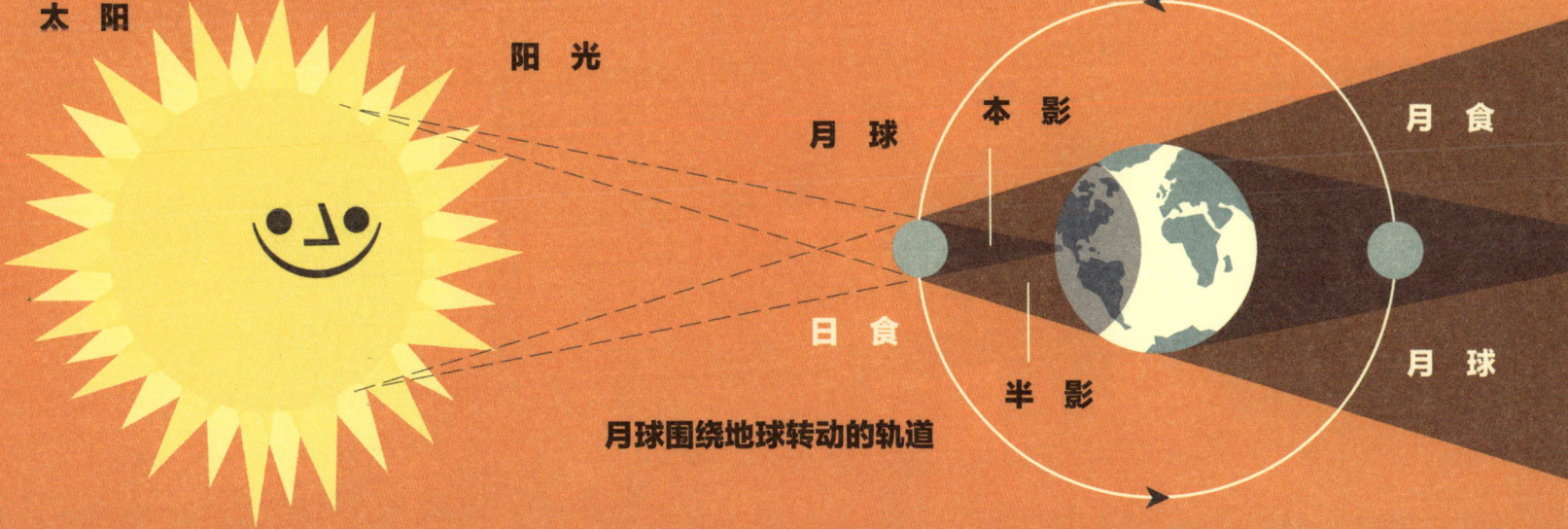

太阳　阳光　月球　本影　月食　日食　半影　月球

月球围绕地球转动的轨道

日全食
月亮完全挡住太阳

日环食
月亮位于太阳正前方，但未完全挡住太阳。

日偏食
月亮挡住太阳的一部分。

太空旅行

许多年以来，人们一直在想象着穿越地球大气层前往太空旅行会是什么样子。不过，最先离开地球的并不是人，而是小动物。1947年，果蝇成为进入太空的第一批动物。

之后，美国和俄罗斯的科学家将更大型的动物送上太空，以寻求人类前往太空的可能性。这些勇敢的动物将生命献给了科学事业。

莱 卡

阿尔伯特二世

1961年，宇航员尤里·加加林实现了这个梦想。他乘坐一艘巨大的苏联火箭，被送进了太空。然后，他乘坐太空飞船——"东方一号"绕地球飞行了一周，最后在俄罗斯安全着陆。他是进入太空的第一人。之后，有许多其他的宇航员被送上轨道，送往空间站甚至月球。

尤里·加加林

阿波罗11号

1969年7月16日：经过多年严格的体能和理论训练后，三位宇航员——巴兹·奥尔德林、尼尔·阿姆斯特朗和迈克尔·科林斯在美国佛罗里达州的梅里特岛肯尼迪航天中心升空。随着一声巨响，他们乘坐大型宇宙飞船"阿波罗11号"顶部的指挥舱，以极快的速度被送上太空。

1969年7月19日：从地球表面发射出三天后。"阿波罗11号"经过月球，反推火箭被点燃，飞船进入环月轨道。

1969年7月20日：尼尔·阿姆斯特朗和巴兹·奥尔德林进入登月舱，准备在月球表面着陆。而迈克尔·科林斯则留在月球轨道上的指挥舱中。在巴兹的帮助下，尼尔操纵登月舱驶向月球表面。登月舱越过了预设的着陆点。尽管燃料非常少，情况极其危险，他们还是成功着陆了。

1969年7月21日：尼尔·阿姆斯特朗创造了历史，他成为第一个踏上月球的人。在习惯了月球的低引力和土地后，尼尔和巴兹开始探索月球表面，他们收集了岩石和土壤样本，在上面插上了美国国旗，架上科学仪器测量月震，并拍了许多月球表面的照片。

1969年7月22日：在登月舱里睡了一晚后，两位宇航员驾驶登月舱离开月球表面，返回轨道，与迈克尔·科林斯在指挥舱会合。

1969年7月24日：指挥舱在高温中穿过地球的大气层，坠入太平洋。在浮力装置的作用下，指挥舱漂浮在海面。宇航员们获救之后，被送上了直升机。

巴兹·奥尔德林　　尼尔·阿姆斯特朗　　迈克尔·科林斯

阿波罗宇宙飞船　第三级火箭　第二级火箭　第一级火箭

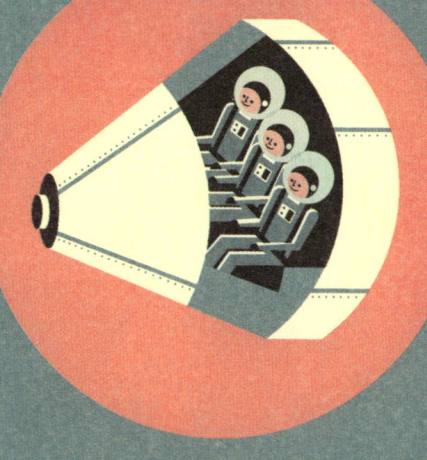

阿波罗指挥舱
飞往月球时宇航员坐的地方。

登月舱
宇宙飞船的一部分，用于在月球上着陆，只能承载两名宇航员。第三名宇航员要留在指挥舱中。

上升，上升，离开地球！
阿波罗宇宙飞船由一艘三级火箭——"土星5号"运载上空。这类火箭必须拥有强大的推力，才能让宇宙飞船摆脱地球的引力，进入太空。因此这种火箭通常采用分级模式，每级火箭分别工作一段时间。第一级火箭燃料耗尽时，便会脱落，以减轻整体的固定负载，并提高下一级火箭燃料的利用率。"土星5号"在重复三次上面的动作后，将阿波罗宇宙飞船送上了月球。

登月

第一次成功登月发生在1969年,"阿波罗11号"的宇航员们历时三天完成了这一壮举。下图介绍了他们安全登月和返回地球的过程。

1. 第一级火箭脱落,第二级火箭点燃,进入轨道。

2. 第二级火箭脱落,第三级火箭点燃。

3. 第三级火箭释放宇宙飞船。
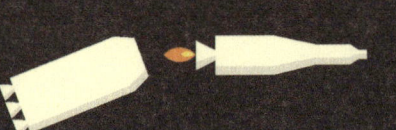

4. 宇宙飞船转向,面对登月舱,登月舱从第三级火箭的贮藏舱中被释放出来。
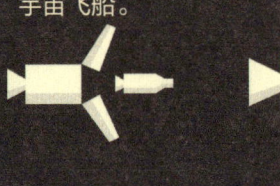

5. 宇宙飞船与登月舱连接,完全与第三级火箭分离。

蓝线表示从地球到月球的路线。黄线表示从月球安全返回地球的路线。

为了确保火箭高速运转,摆脱地心引力,运载"阿波罗11号"的火箭先绕地球飞行了一周。其作用原理类似弹弓,而后火箭以惊人的速度飞向月球。

12. 进入地球大气层时,指挥舱温度极高。

9. 登月舱重新与宇宙飞船对接,两名宇航员返回指挥舱。

8. 登月舱利用专门配备的火箭离开月球表面。

6. 两名宇航员进入登月舱,驾驶登月舱前往月球表面。另外一名宇航员留在指挥舱,驾驶飞船。

10. 空的登月舱被留下来,漂浮在太空中。

11. 指挥舱与宇宙飞船分离,飞往地球轨道。

月球表面
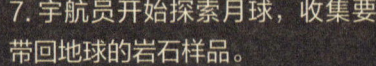

13. 一旦进入地球大气层,指挥舱便会打开降落伞,宇航员在海洋上安全着陆。

7. 宇航员开始探索月球,收集要带回地球的岩石样品。

火箭是怎样工作的？

火箭通过燃烧燃料，才能进入太空。燃烧产生的气体从火箭底部喷射而出。这些气体的喷射速度极快，会促使火箭向上移动，喷射的气体越多，火箭的上升速度越快。这时候的火箭就像乘坐在一个被控制的炸弹顶端一样。

你将充气的气球抛向天空时也会发生同样的事。气球一直试图将里面的空气挤到外面。当你把气球抛向天空时，气球里面的空气会跑出来，这时气球便会迅速往上飞！

在火箭内部，气体并不是被挤出来的，而是被发动机喷射出来的。发动机将火箭燃料与液态氧结合在一起，并点火，导致气体被极速喷出。呼！

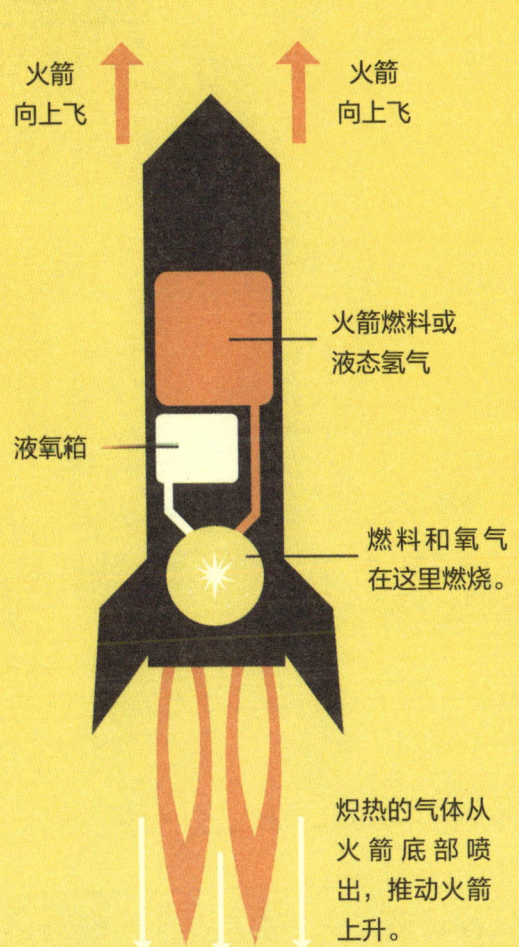

在太空中吃东西比在地球上吃东西难多了。当你身处太空中时，你是失重的，没有足够的引力可以让你固定不动。另一方面，所有的食物和饮料都会漂浮在空中，凌乱飞舞。这在太空中是相当危险的，因为食物或液体可能会进入重要的电路系统，引起短路，给宇航员带来危险。

为了保证太空用餐的安全性，"阿波罗11号"的三位宇航员采用了用汤匙吃袋装食物的方法。在火箭发射之前，食物中的水分都被沥干了，这样可以延长食物的保质期。在执行任务时，宇航员们只能通过向袋中加入热水来制作食物。

在太空中，宇航员的饮食相当重要，因为人的身体在失重状态下会变虚弱。宇航员在太空中必须进行常规训练，也要吃得好，以保持骨骼和肌肉的强壮。食用大量的肉类、蔬菜，摄入适量的钙质有益于宇航员的身体健康。有没有人想喝脱水的奶昔呢？

早期的航天服

1963 年
格鲁曼月球航天服

20 世纪 60 年代
美国以胶囊为原型的航天服

早期的美国国家航空航天局
阿波罗增压服

1969年阿波罗航天服

- 应急氧气罐
- 耐压头盔
- 天线
- 背包上方的无线电通信设备
- 装有氧气和冷却系统的背包
- 镀金遮阳板
- 麦克风
- 远程控制装置
- 应急供氧开关
- 供氧管
- 应急供氧管
- 应急压力通风阀
- 供氧管
- 防护手套
- 玻璃纤维外套
- 装岩石样本的口袋
- 鞋底有类似轮胎纹理的登月靴

1969 年 7 月 21 日，宇航员尼尔·阿姆斯特朗和巴兹·奥尔德林创造了历史：他们第一次登上了月球。在月球表面漫步的他们身着阿波罗航天服，以防被太空中的真空环境所伤害。这类航天服配备有一切能让宇航员在恶劣环境下生存的必需品，包括增压装置、保护宇航员免受极限温度和射线伤害的保护层。每件航天服都是为宇航员量身定做的，它能够保证宇航员以相对舒适的状态穿着长达 115 个小时。在地球上，这类航天服因为极重而难以穿着；而在月球上，航天服则几乎没有任何重量。

阿波罗登月舱

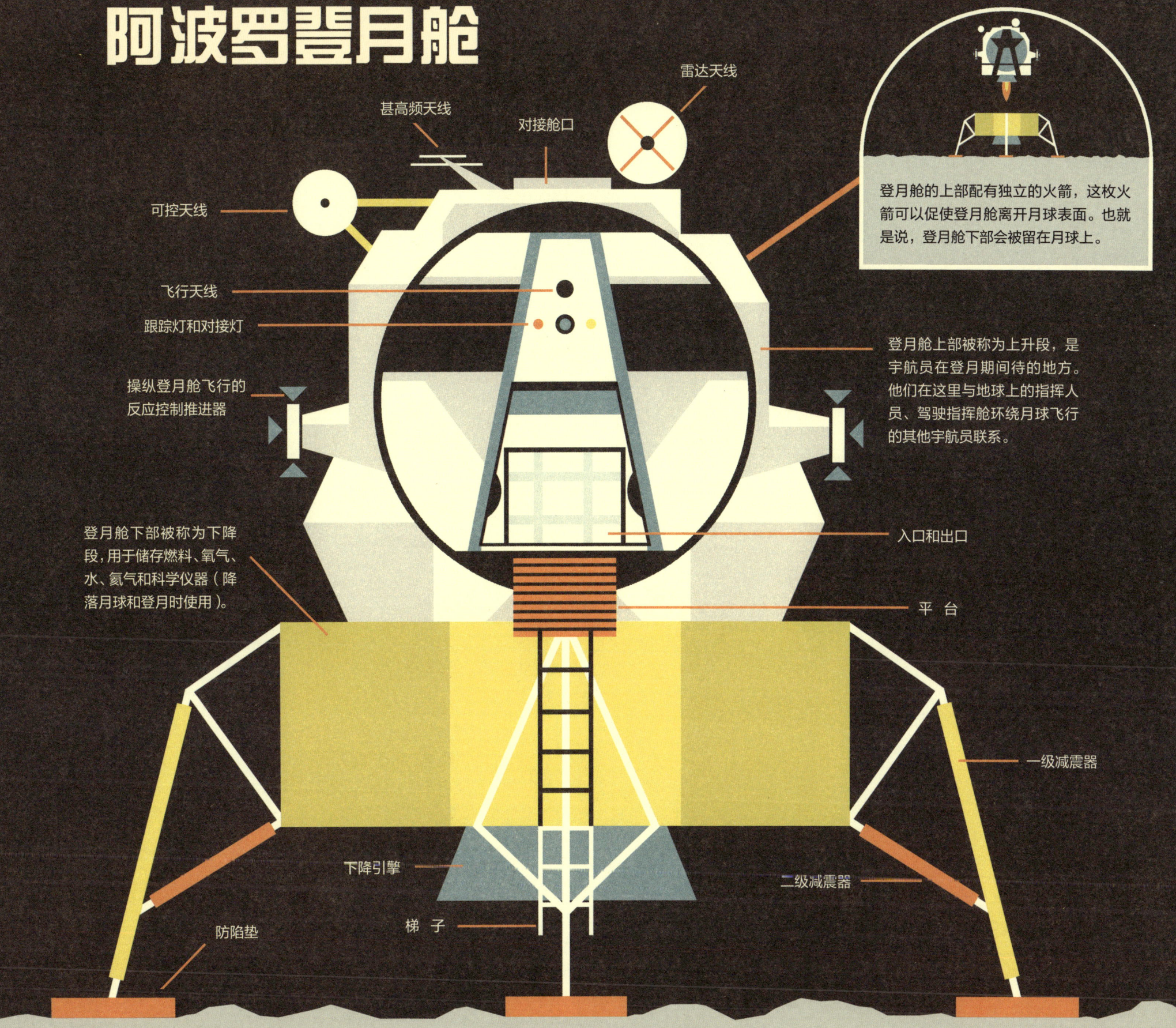

- 甚高频天线
- 对接舱口
- 雷达天线
- 可控天线
- 飞行天线
- 跟踪灯和对接灯
- 操纵登月舱飞行的反应控制推进器
- 登月舱下部被称为下降段,用于储存燃料、氧气、水、氦气和科学仪器(降落月球和登月时使用)。
- 入口和出口
- 平台
- 一级减震器
- 下降引擎
- 二级减震器
- 防陷垫
- 梯子

登月舱的上部配有独立的火箭,这枚火箭可以促使登月舱离开月球表面。也就是说,登月舱下部会被留在月球上。

登月舱上部被称为上升段,是宇航员在登月期间待的地方。他们在这里与地球上的指挥人员、驾驶指挥舱环绕月球飞行的其他宇航员联系。

在尼尔和巴兹待在月球上的 21 个小时里,登月舱就是他们的家。登月舱内载有大量科学仪器,用于收集岩石样本、探索月球。登月舱由两部分组成:离开时会被留在月球表面的下降段,以及能将宇航员安全载回指挥舱的上升段。对于登月来说,宇航员能够安全降落在月球表面是十分关键的。任何一点错误,比如登月舱意外掉落或登月舱的其中一个支架断裂,都会让宇航员滞留在月球,无法回到地球。依靠登月舱杰出的工程设计以及尼尔和巴兹的专业素养,登月舱才得以安全降落,进而使两人成为探索月球的先驱。

关于月球的知识

月球的表面积大约和非洲一样大。

近来,科学家们发现月球表面有固态水。早知道我把船也运过来了!

啊,陆地!

月球比地球小很多,因此引力也相对较小。也就是说,当你站在月球表面时,你会觉得自己轻盈许多,你可以轻易地举起重物,还能跳得更高。想要算出你在月球上的重力吗?赶紧拿出计算器吧!

(你的重力)÷6=你在月球上的重力

现代火箭

通常，飞往月球的火箭只能使用一次，而且造价非常昂贵。然而，美国国家航空航天局设计的航天飞机是可以重复使用的，它和火箭一样可以进入轨道飞行，还能像飞机一样飞回地球。1981 年，美国国家航空航天局的航天飞机第一次被送上太空，截至 2011 年退役之前，它一共执行了 135 项任务。美国研制过 5 种型号的航天飞机："亚特兰蒂斯号"、"挑战者号"、"哥伦比亚号"、"发现号"和"奋进号"。目前还存在的只有 3 架，因为"挑战者号"和"哥伦比亚号"都失事了。

航天飞机上升到 45 千米的高空时，两枚固体燃料助推火箭会脱落。掉落地球时，火箭上的降落伞会打开。这些火箭重新注满燃料后，可执行其他任务。

航天飞机持续加速时，主要的氢氧燃料箱会脱落，而后会在进入地球大气层时燃烧。

进入轨道后，航天飞机会借由自身的发动机和推进器航行。

航天飞机是一种多功能的宇宙飞船，在服役期内可以执行许多重要的任务，比如运载宇航员和供应物资来往国际空间站，维修破损的卫星等。

航天飞机被架在发射台上时，与两枚火箭和一个巨大的橙色箱体绑在一起。箱子里装满了液态氢和液态氧。在主燃料箱提供燃料的三台主发动机和两枚固体火箭的帮助下，航天飞机就会被发射升空。

航天飞机和飞机一样降落在跑道上。

现代航天服

"阿波罗11号"的宇航员穿的是笨重的航天服。此后,航天服发生了极大的变化。制作一件优质的航天服是相当困难的,因为航天服必须非常坚固才能保护宇航员,但同时它又必须非常灵便,以便宇航员到处走动,执行精细的任务(如维修宇宙飞船)。因为宇宙是真空的,所以航天服需要像气球一样充气——这样才可以保护宇航员。如果航天服没有进行增压,宇航员的皮肤会膨胀到原来的两倍大,使他们看起来就像是浑身长满肌肉的"怪人"。

应该是航天服没穿对吧!

啊哈……哈哈哈!

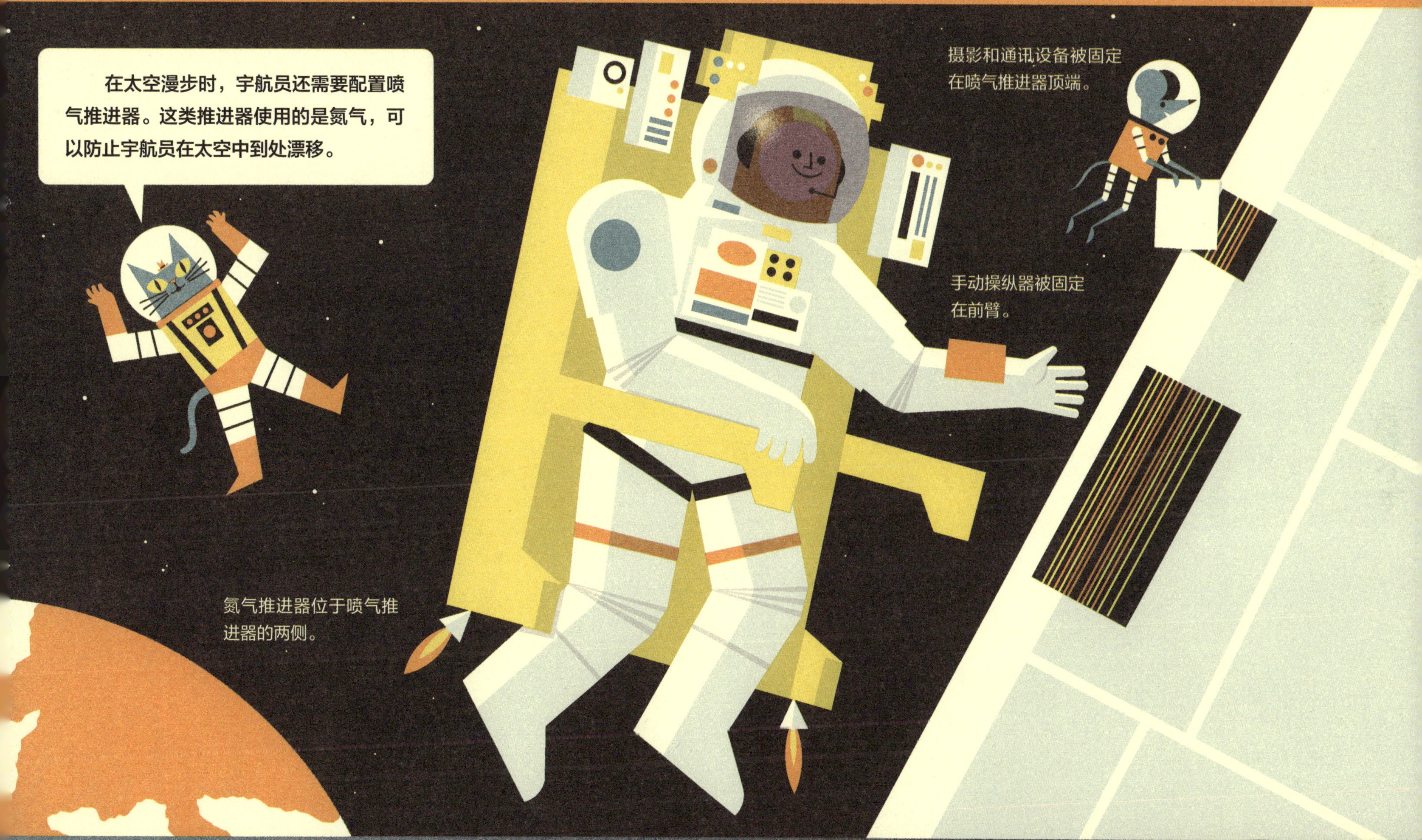

在太空漫步时,宇航员还需要配置喷气推进器。这类推进器使用的是氮气,可以防止宇航员在太空中到处漂移。

摄影和通讯设备被固定在喷气推进器顶端。

手动操纵器被固定在前臂。

氮气推进器位于喷气推进器的两侧。

宇航员在太空工作时需要额外的保护措施,以免受到来自太阳的紫外线和其他射线的伤害;他们需要穿上盔甲,以免受到漂浮在太空中的岩石的伤害。这类太空岩石的飞行速度相当快,足以把航天服刺出洞来!这对勇敢的宇航员来说可是一件极其危险的事。

国际空间站

国际空间站（ISS）环绕着地球运行，在我们的头顶上空以每秒7.8千米的速度绕行。国际空间站和足球场一般大，由太空中的太空舱在多年内相互连接建立起来。其作用相当于科学实验室，是宇航员进行科学实验的地方，他们也能从中知道如何长期在太空中生存。一般情况下，国际空间站有3名工作人员，有时候甚至能达到10人！

ISS

国际空间站每天绕地球运行15.7周。

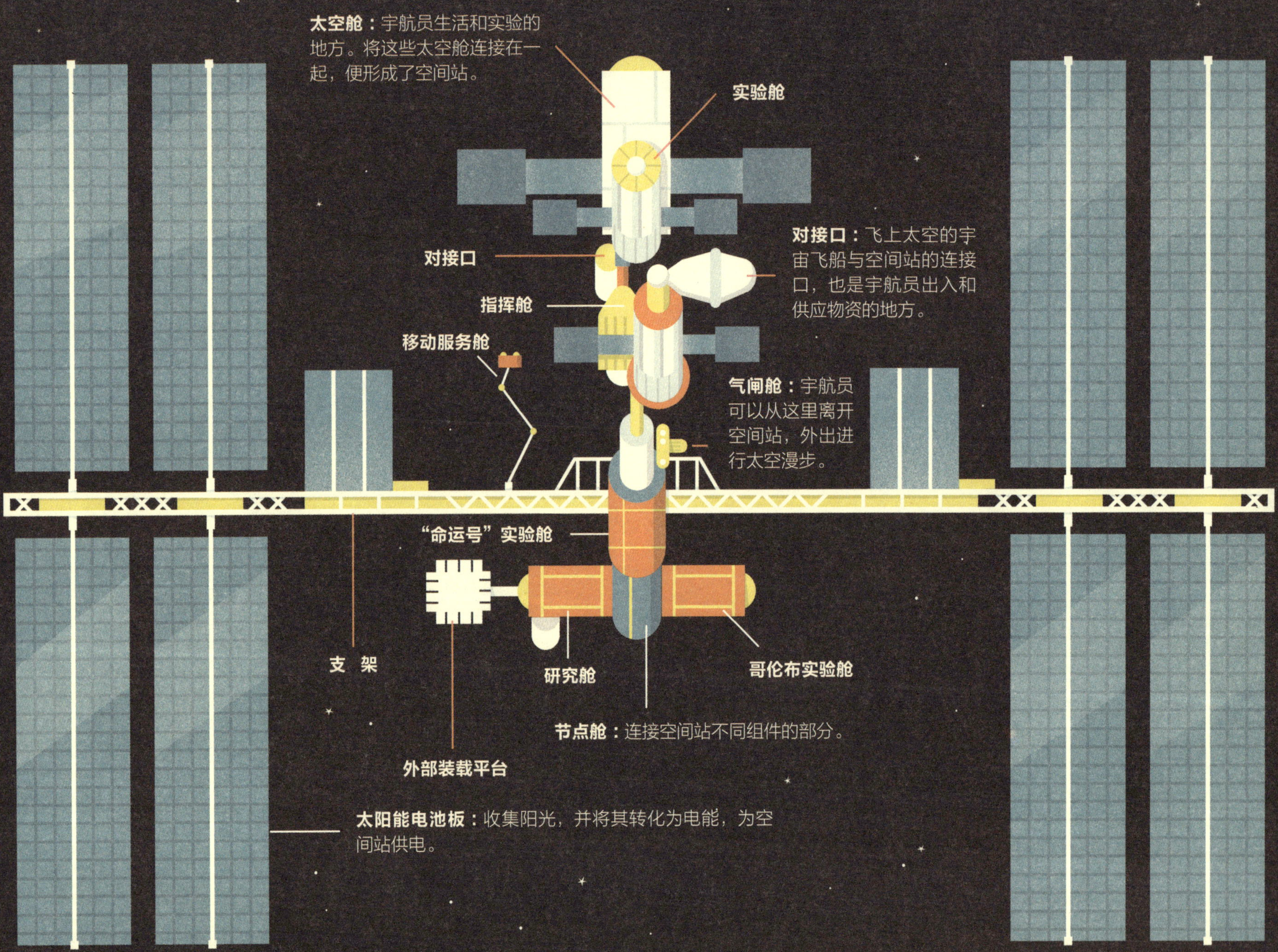

太空舱：宇航员生活和实验的地方。将这些太空舱连接在一起，便形成了空间站。

实验舱

对接口

对接口：飞上太空的宇宙飞船与空间站的连接口，也是宇航员出入和供应物资的地方。

指挥舱

移动服务舱

气闸舱：宇航员可以从这里离开空间站，外出进行太空漫步。

"命运号"实验舱

支 架

研究舱

哥伦布实验舱

节点舱：连接空间站不同组件的部分。

外部装载平台

太阳能电池板：收集阳光，并将其转化为电能，为空间站供电。

谁建造了国际空间站？

美国、欧洲、俄罗斯、日本、加拿大和巴西的航天局一起合作，建造了有史以来最大的国际空间站。在国际空间站建造之前和之后，太空中还有其他空间站，如俄罗斯的"和平号"空间站（运行了13年）。2011年，中国发射了"天宫一号"空间实验室，2012年6月，宇航员登上"天宫一号"。

国际空间站有什么用处？

国际空间站是太空实验室。有了空间站，许多实验得以在失重的环境中进行，如观察蜘蛛如何在失重状态下捕食，火是如何在失重环境中燃烧的等等。为了未来的宇宙探索，我们人类必须学会长期在太空生活。国际空间站可以帮助我们进行实验，从而通过研究失重对人体和动植物产生的影响，学会如何长期在太空中生存。

在失重环境中，蜘蛛可以结网，跳跃也完全没有问题。

通过空间站的许多观察窗口都能看到地球。

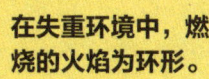

在失重环境中，燃烧的火焰为环形。

蔬菜生产计划（VEGGIE PROJECT）是一个允许宇航员利用营养物质和水分在空间站中种植蔬菜的项目。这个项目为长途旅行的宇航员们提供了方便。同样，人们也能利用国际空间站观察地球，如监测珊瑚礁和气候的变化，给飓风和火山拍照等。

空间站内部和一座拥有5个卧室的房子差不多大，里面有两间卧室、一个健身房、还有一个可以观察地球和宇宙的大窗户。

在空间站里，宇航员不用穿特殊的服装（如航天服），可以穿我们在地球上穿的衣服。空间站里没有洗衣机，所以宇航员会一连几天都穿同样的衣服。大部分的脏衣服和其他垃圾在返程时会在地球的大气层中燃烧。

不过在航天飞机上，宇航员必须身着特殊服装。这是一种橙色的连体服，和航天服一样，都被充了气，当宇宙飞船出现问题时，这种服装可以保护宇航员免受伤害。

卫 星

简单来说，卫星是一种围绕一颗行星沿轨道运行的天体。可分为两种：自然卫星（如月球）和人造卫星（由人们送上太空的卫星）。火箭发明后，各国往太空运送了成千上万颗卫星，这些卫星形状和大小各不相同。其中一些小得像盒子一样，还有一些大得像卡车一样！

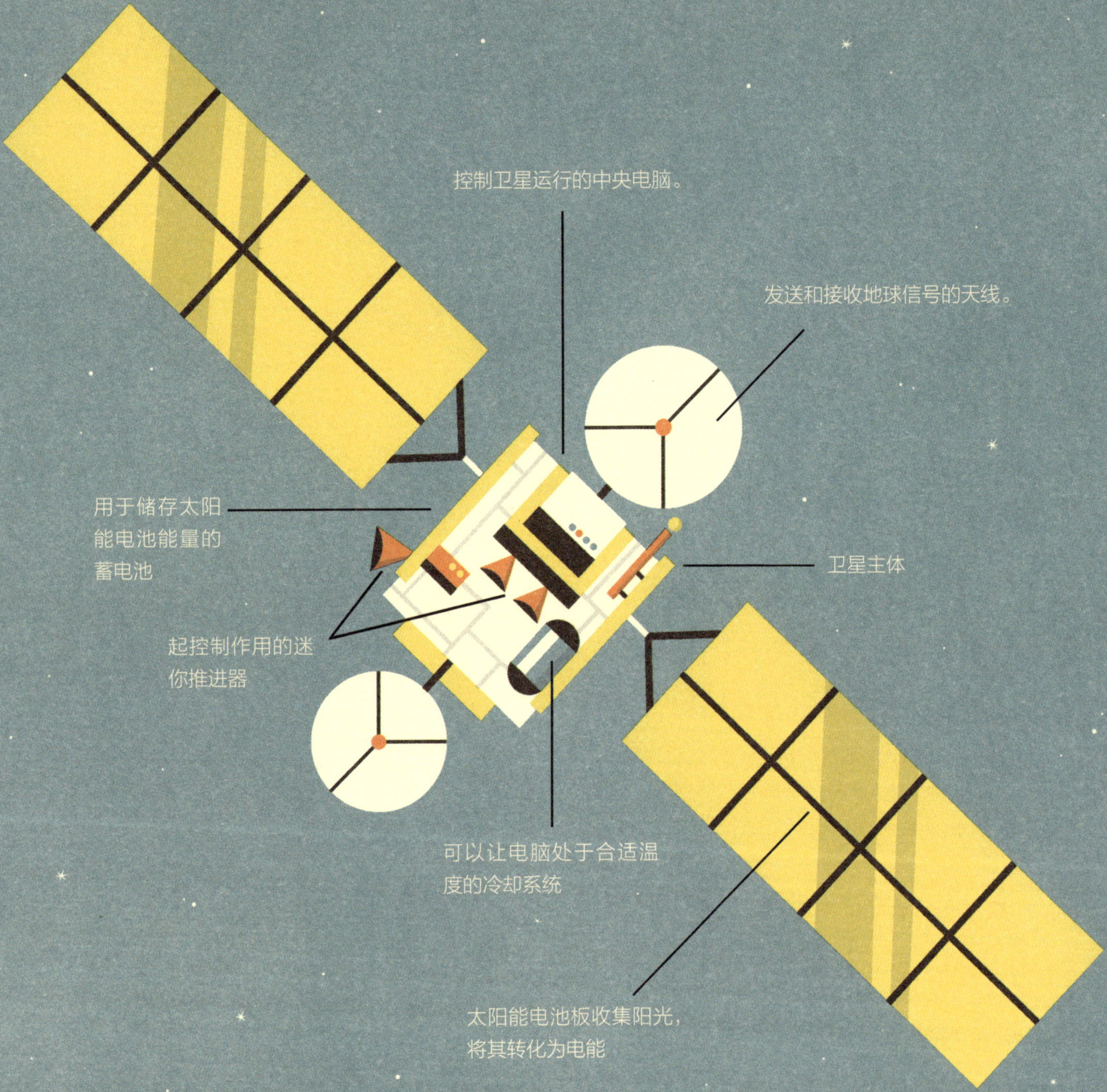

控制卫星运行的中央电脑。

发送和接收地球信号的天线。

用于储存太阳能电池能量的蓄电池

卫星主体

起控制作用的迷你推进器

可以让电脑处于合适温度的冷却系统

太阳能电池板收集阳光，将其转化为电能

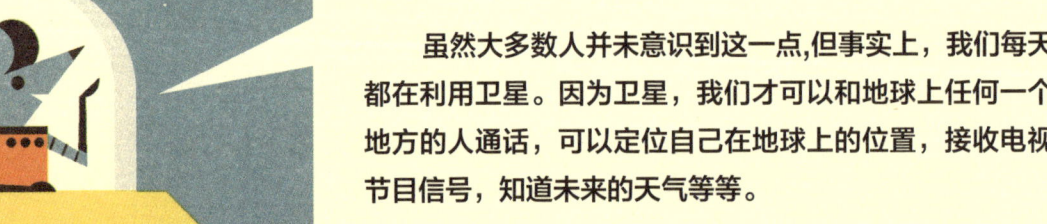

虽然大多数人并未意识到这一点，但事实上，我们每天都在利用卫星。因为卫星，我们才可以和地球上任何一个地方的人通话，可以定位自己在地球上的位置，接收电视节目信号，知道未来的天气等等。

观测卫星

人类第一颗人造卫星是"斯普特尼克1号"，它在1957年由前苏联发射升空。这是一颗非常简单的人造卫星，由电池、温度计和无线电传输器组成。

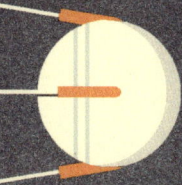

"斯普特尼克1号"人造卫星

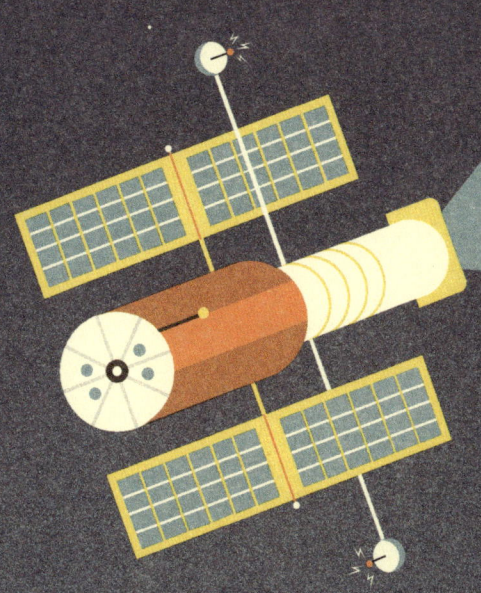

哈勃空间望远镜

科学卫星

科学卫星中最著名的要数哈勃空间望远镜，它拍下了许多星星和星系的美丽照片。太空中还有许多其他的望远镜用于观测太阳活动，以及自宇宙起源时就存在的微波。

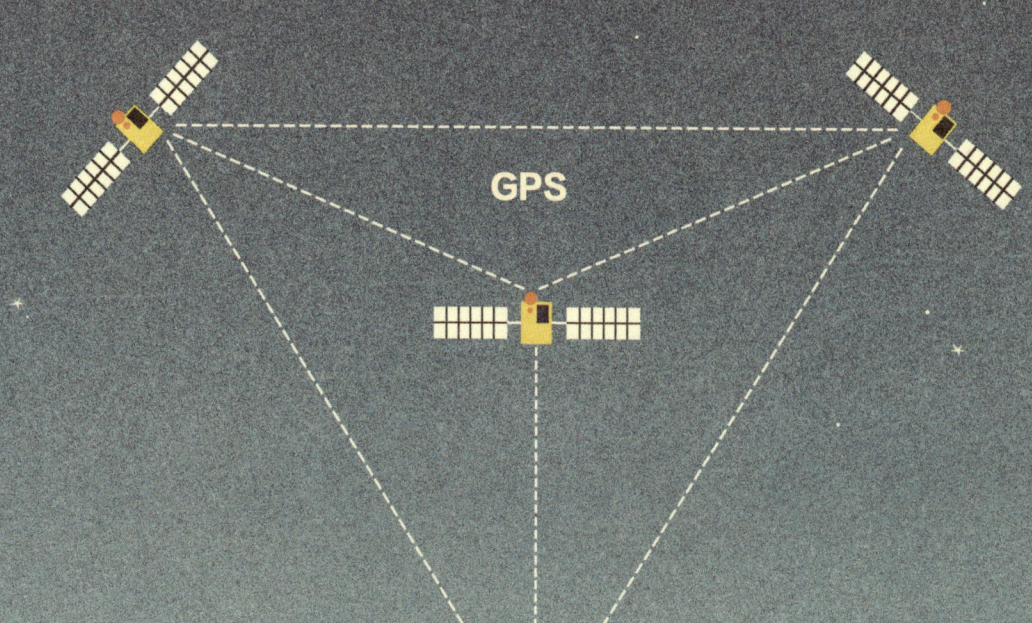

GPS

气象卫星和地球观测卫星

气象卫星位于地球上方，用于观测大气层的变化。它们负责追踪云层、测量风速、寻找雨区以及测量全球各地的气温。它们可以对当地的天气做出预报，同时还能收集信息、监测气候变化。地球观测卫星用于拍摄地球表面的照片和制作地图，并能帮助人们追踪森林采伐和南北极冰盖消融的情况。

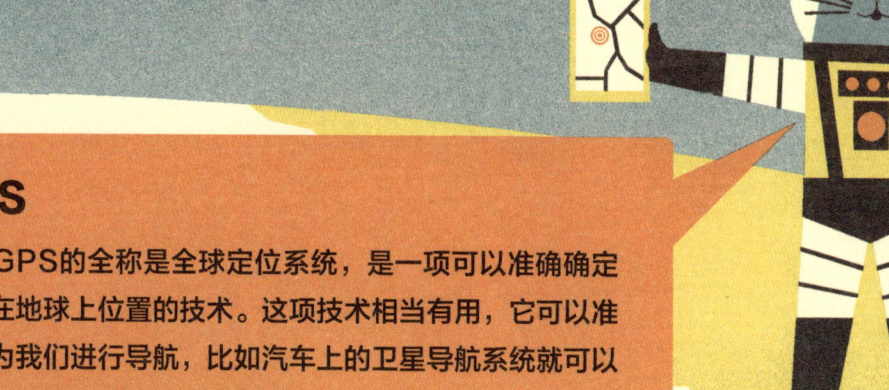

GPS

GPS的全称是全球定位系统，是一项可以准确确定我们在地球上位置的技术。这项技术相当有用，它可以准确地为我们进行导航，比如汽车上的卫星导航系统就可以让你在不迷路的情况下环游世界。

水 星

水星是太阳系中最小,也最靠近太阳的行星,体积只比月球稍大。因为水星距离太阳太近,所以它的地表不断被太阳炽热的射线炙烤,其白天温度高达350摄氏度。而夜晚气温则低至零下170摄氏度。也就是说,水星一侧的温度足以熔化金属,另一侧的温度则比地球最寒冷地方的温度还低了一倍!水星和地球不一样,它没有大气层,所以在白天无法反射太阳射线,在夜晚无法保持热量不流失。也就是说,水星无法保持稳定的表面温度。所以它才会成为一个气温极端的星球。

水星的组成物质大多是重金属,因而是一个密度极大的星球。试想一下,如果这本书是由水星上的岩石制成的,那会怎么样呢?这本书会很重,你可能需要一个小吊车来帮助你拿它。

没有大气层就意味着水星没有保护层,无法阻止小行星和彗星对地表的撞击。在太空岩石撞击水星数十亿年后,我们依然能看到水星地表留下的坑洼。

水星探测器

水星和其他星球一样,还没有人类探索的足迹。不过,通过送入太空的探测器,人们对水星的了解越来越多。探测器运行在水星的轨道上,上面装有摄影机和科学仪器,已经向地球传输了成千上万张照片和许多科学数据。不过,现在探测器已经以撞击水星的方式,结束了其探测使命。

水星围绕太阳运行的轨道相当奇怪。在水星上,一天比一年还长!水星上的一天相当于176个地球日,一年则是88个地球日。如果你是在水星出生的,那你在水星的年纪可比在地球上大多了。赶紧拿出计算器,算算你如果生活在水星的话年纪有多大:

(你的年龄)×4.15=你在水星上的年龄

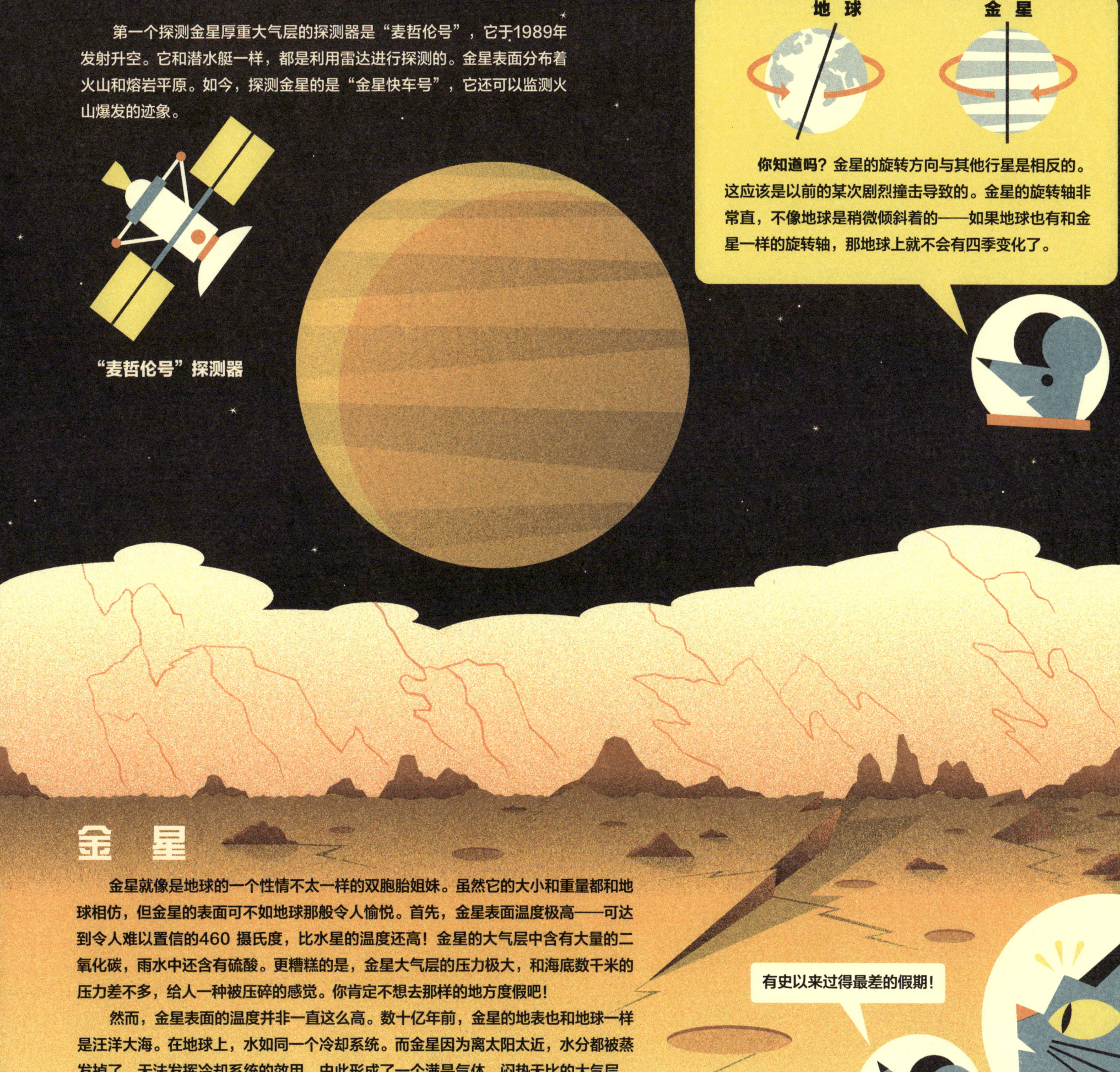

第一个探测金星厚重大气层的探测器是"麦哲伦号",它于1989年发射升空。它和潜水艇一样,都是利用雷达进行探测的。金星表面分布着火山和熔岩平原。如今,探测金星的是"金星快车号",它还可以监测火山爆发的迹象。

"麦哲伦号"探测器

地球　　金星

你知道吗? 金星的旋转方向与其他行星是相反的。这应该是以前的某次剧烈撞击导致的。金星的旋转轴非常直,不像地球是稍微倾斜着的——如果地球也有和金星一样的旋转轴,那地球上就不会有四季变化了。

金星

　　金星就像是地球的一个性情不太一样的双胞胎姐妹。虽然它的大小和重量都和地球相仿,但金星的表面可不如地球那般令人愉悦。首先,金星表面温度极高——可达到令人难以置信的460 摄氏度,比水星的温度还高!金星的大气层中含有大量的二氧化碳,雨水中还含有硫酸。更糟糕的是,金星大气层的压力极大,和海底数千米的压力差不多,给人一种被压碎的感觉。你肯定不想去那样的地方度假吧!

　　然而,金星表面的温度并非一直这么高。数十亿年前,金星的地表也和地球一样是汪洋大海。在地球上,水如同一个冷却系统。而金星因为离太阳太近,水分都被蒸发掉了,无法发挥冷却系统的效用,由此形成了一个满是气体、闷热无比的大气层。照到这里的太阳射线无法被反射出去,从而导致了无法避免的温室效应。

有史以来过得最差的假期!

火星

火星是一颗相对较小的行星，直径只有地球的一半。太阳系形成以来，火星发生了许多变化。古代的火星比现在温暖，地表有流水，巨大的火山不断地冒着泡。我们之所以会知道这些，是因为火星地表有河道，那是水流曾经流过的地方。从前的火星上可能有巨大的湖泊，甚至是海洋。因而，科学家们开始思考，火星上是否曾有生命存在，毕竟水是生命之源。今天的火星是一个干旱而荒芜的星球，它就像一片大沙漠，上面只覆盖着一层薄薄的大气层。因为火星质量较小，所以在几百万年的时间里，它内部的热量逐渐流失到寒冷的外太空中去，最终导致水和熔岩的冻结。

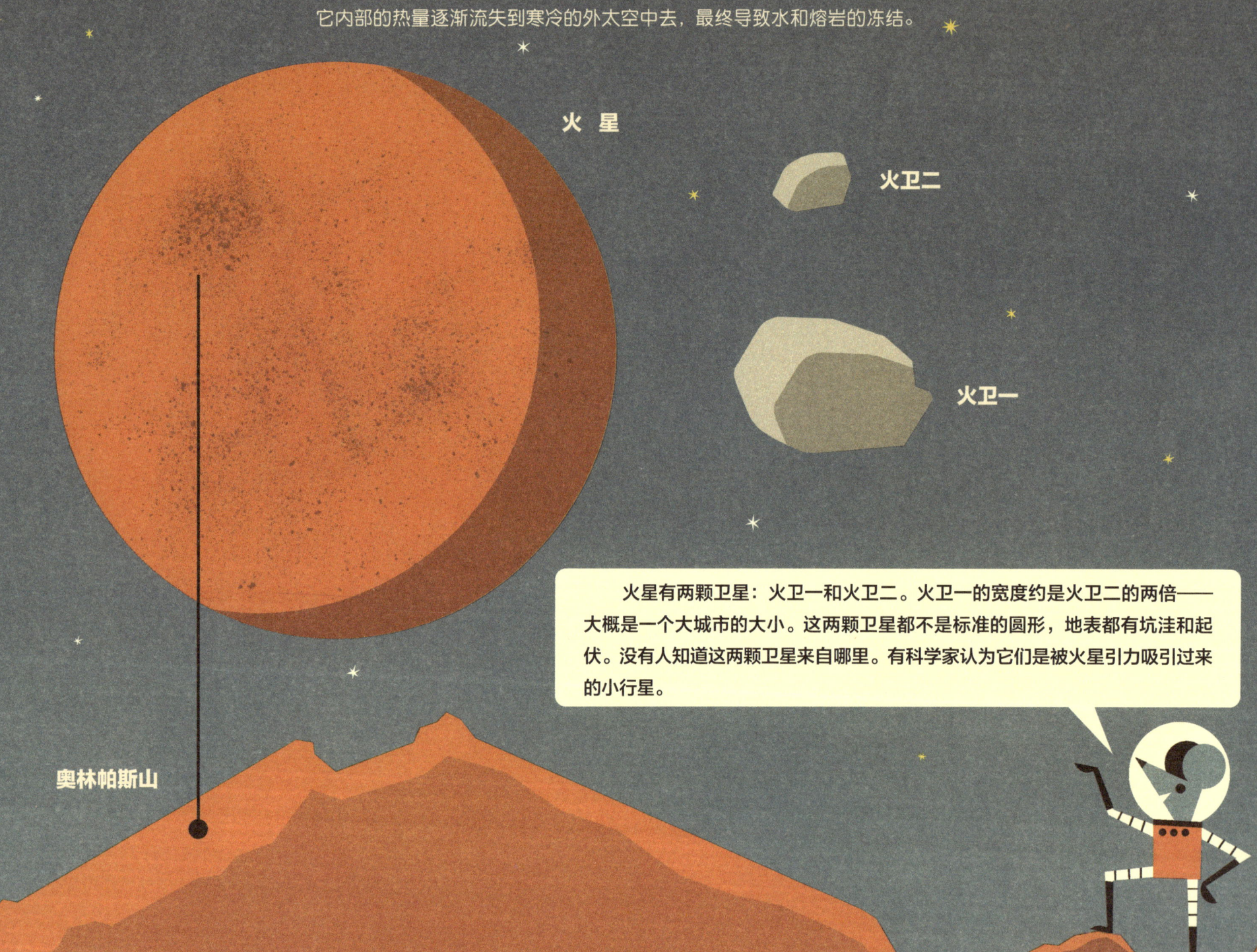

火星

火卫二

火卫一

火星有两颗卫星：火卫一和火卫二。火卫一的宽度约是火卫二的两倍——大概是一个大城市的大小。这两颗卫星都不是标准的圆形，地表都有坑洼和起伏。没有人知道这两颗卫星来自哪里。有科学家认为它们是被火星引力吸引过来的小行星。

奥林帕斯山

奥林帕斯山是火星上的一座大火山，高度超过 27 千米。它也是太阳系中最大的山脉。在几百万年的时间里，从火星内涌出的熔岩不断堆积，最终形成了这座山。不过，现在的火星已经没有熔岩流出了。

火星上有生命存在吗？

近些年来，科学家们将许多探测器送上了火星。成功发射的包括"机遇号"和"勇气号"火星探测器，它们载着科学仪器在火星表面考察，给火星拍摄照片，收集火星的土壤和空气样本。"机遇号"本来只计划服役90天，但事实上它却从2004年一直运行到了现在！2012年8月6日，美国国家航空航天局的"好奇号"探测器在盖尔陨石坑附近着陆。随后，这个和汽车差不多大小的探测器就以每分钟2米的速度在撞击坑周围行进。"好奇号"探测器载有高科技摄影机，以及可以用激光击中火星岩石、并将土壤和岩石分解以了解其成分的仪器。这样做的原因是，科学家们想知道火星上是否曾有支持生命生存的条件。

火星上的一年约等于地球上的两年。想知道你在火星上的年龄吗？赶紧拿出计算器吧：

（你的年龄）×0.5=你在火星上的年龄

你知道吗？火星之所以看起来是橘红色的，是因为它地表的赤铁矿。赤铁矿是铁锈的主要成分，也就是说，火星其实是一颗"生锈"的行星。

美国国家航空航天局"好奇号"探测器

导航相机

化学与摄像机仪器——能发射激光击中岩石，以便对其进行成分分析。

火星探测器的电能来自核能。

机械臂

转台上装有摄像机和收集岩石的工具。

火星的大气层非常稀薄，上面只有一些云，科学家认为它是由冰状的水颗粒组成的。因为火星没有可以保护自身的磁场，因此无法抵挡太阳风对大气层的侵蚀，导致火星的大气层变薄。也许火星曾经有过磁场，但随着金属内核逐渐冷却，这个磁场也就慢慢消失了。

木 星

木星是一颗巨大的"气球"。如果它是空心的，里面可以塞下 1300 个地球。它真的太大了，即便你将太阳系其他行星的质量全部加在一起，也还远远不及木星的一半。木星和太阳类似，主要成分都是氢和氦。但有一点它和太阳不一样——木星并不是一个灼热的星球。

宇宙飞船是不可能降落在木星表面的，因为木星是由气体组成的，飞船会陷下去。木星大气层下，是一个巨大的液态氢海洋。

木星表面常有剧烈而炽热的风暴，还有和地球上一样的闪电。木星上最大的风暴是大红斑，大概有地球的两到三倍那么大。这是一股巨大的旋风，距离人们发现它已有 300 多年了，其风速可达每小时 400 千米。

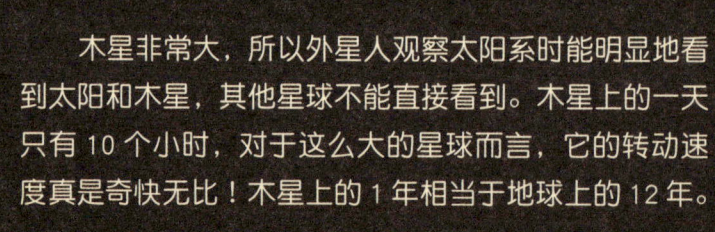

木星非常大，所以外星人观察太阳系时能明显地看到太阳和木星，其他星球不能直接看到。木星上的一天只有 10 个小时，对于这么大的星球而言，它的转动速度真是奇快无比！木星上的 1 年相当于地球上的 12 年。

木星有60多颗卫星,而科学家每年还会发现新的卫星。其中有四颗较为重要:木卫四、木卫二、木卫三和木卫一。它们和行星非常相似,上面有冰块、火山,还有大气层。这样来看,木星和它的卫星就像是一个小太阳系。

木卫四是一颗由岩石和冰块组成的卫星,和水星差不多大。科学家们认为,木卫四地下100千米的地方可能存在着一个咸水海洋,那里可能有生命存在。

木卫三是太阳系中最大的卫星,也是已知的唯一拥有磁圈的卫星,它具有非常强大的磁场。

木卫二非常寒冷,质量是木星四大卫星中最小的。表面平坦,遍布着一串串十字条纹,撞击坑并不多。由冰块组成的地表下面很可能隐藏着一个巨大的海洋。表面的冰层因为木星和其他卫星的潮汐力和引力出现了裂缝交错的情况。这是一个极有可能存在外星人的星球。

木卫一是一颗明黄色的卫星,也是太阳系中火山活动非常频繁的星球。它的明黄色源自地表400座活火山喷出的硫黄。它围绕木星运行的速度特别快,转一周所需的时间还不到两个地球日。

木星围绕太阳运行一周需要12个地球年。也就是说,如果你出生在木星,你要每12年才能过一个生日!

37

土 星

土星和木星类似,也是一个巨大的气体星球,主要成分为氢和氦,因环绕在周围的漂亮的土星环而著称。虽然土星的质量没有木星大,但它依然是一颗巨大的行星,另外6颗行星的质量加起来还没有它大呢。不过,土星虽然很大,它的密度却是所有行星中最小的,更让人惊奇的是,它竟能在水中漂浮!

土卫六是土星最大的卫星。它的表面覆盖着浓厚的大气层。因为这里大气浓厚,引力极小,所以如果人类给自己装上翅膀,就能像鸟儿一样在空中翱翔啦!

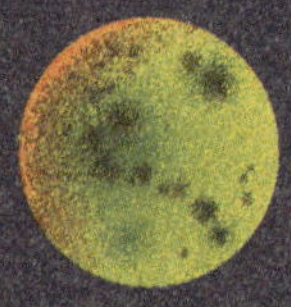

土卫二的表面极其光滑、明亮,它是土星最亮的卫星,不过质量很小。

土卫八是一颗奇怪的"双色球",一半是白色(冰),一半是灰暗的(岩石)。其地表有一座巨大的山脉,在赤道区域绵延不绝。

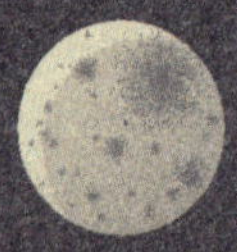

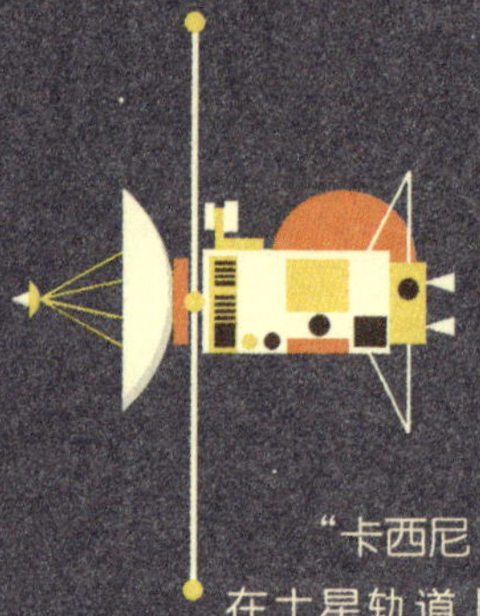

"卡西尼-惠更斯号"探测器

"卡西尼-惠更斯号"探测器是唯一一个在土星轨道上运行的空间飞行器,于1997年发射升空。它距离地球非常遥远,因而即便它以光速向地面传输图像也需要80分钟。多亏了它,人们才能看到复杂的土星环。

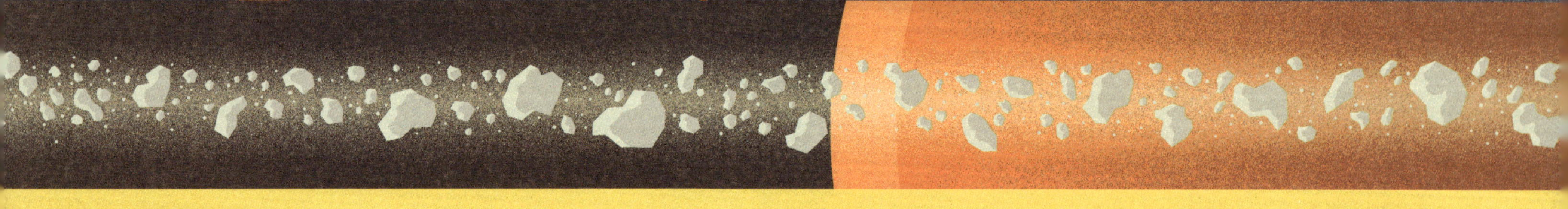

土星环真是漂亮啊!

为什么土星会有土星环呢? 没有人知道确切的原因。土星并不是唯一有星环的星球。所有由气体组成的大行星——木星、天王星和海王星都有星环,只不过土星的星环是目前为止发现的最大、最壮观的星环。土星环大部分由微小的冰块组成,这些冰块长度大多不超过1厘米,不过也有一些冰块长度可达1千米。天文学家虽然不知道土星环形成的确切原因,但他们认为,组成星环的物质要么是古代被撞击的卫星碎片,要么是那些未能聚集在一起的物质——因为土星和其他卫星的引力一直在促使它们分开。

天王星

天王星和土星、木星一样,也是一颗由气体组成的星球。它的转动方式和其他星球不同,给人一种要掉下去的感觉!没有人知道它为什么会这样转动。或许是因为数十亿年前,它与庞大的天体发生了碰撞吧。天王星也有星环,不过相比土星环而言,没有那么显眼,因为它的星环主要是由暗色的岩石和灰尘微粒组成的。

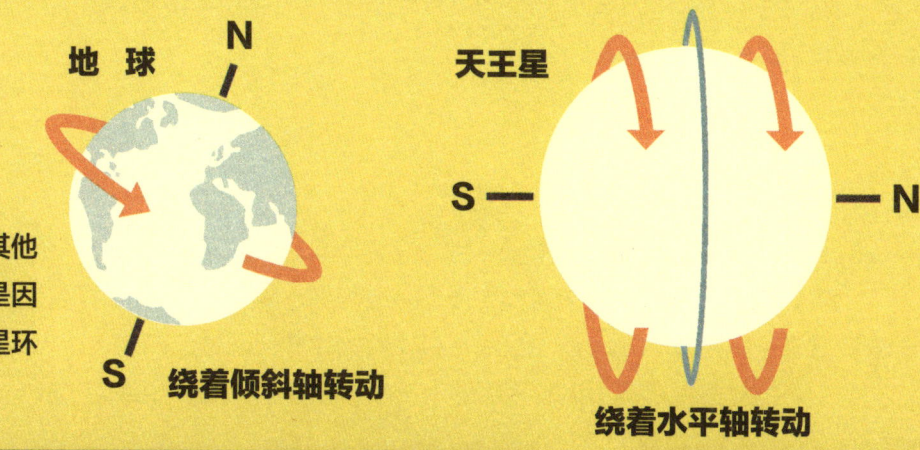

地球 — 绕着倾斜轴转动
天王星 — 绕着水平轴转动

42 个地球年的夜晚 ← 42 个地球年的白天 — 42 个地球年的白天 → 42 个地球年的夜晚

天王星围绕太阳公转时,每极都会迎来42年的阳光,而接下来便是42年的黑暗。

哇哦!太漂亮了!

天啊,看看它多闪啊!

我还一个都没找到呢!

天王星的表面温度非常低,可低至零下224摄氏度!但在大气层下面,有一个巨大的沸腾的海洋,温度高到可以熔化金属。科学家认为在这个大洋底部——也就是在岩石组成的内核和海水之间,存在着数万亿颗因为高压和高温而形成的钻石。

海王星

海王星的名字来自海神,因为它的外表是一片醒目的蓝色。它是一颗气体星球,在太阳系中离太阳最远,也是进入星际空间之前的最后一颗大星球。它还是一颗和天王星极其相像的大冰球,不过质量比天王星大,大气层的温度也更高。海王星上的一天长16个小时,它围绕太阳公转一周需要165个地球年。

由气体组成的外层

和地球一样大的岩石内核

地球

海王星

海王星中心是一颗岩石内核,科学家认为它的尺寸和地球相仿。海王星的内核温度极高,这里的热量升腾至表面,最终导致了复杂的气候。海王星表面的风是太阳系中最强烈的,简直可以和喷气式飞机相媲美!

海卫一

你知道吗?
海王星围绕太阳公转一周需要165个地球年。所以,如果你出生在海王星上,你要等到很久很久以后才能过第一次生日!

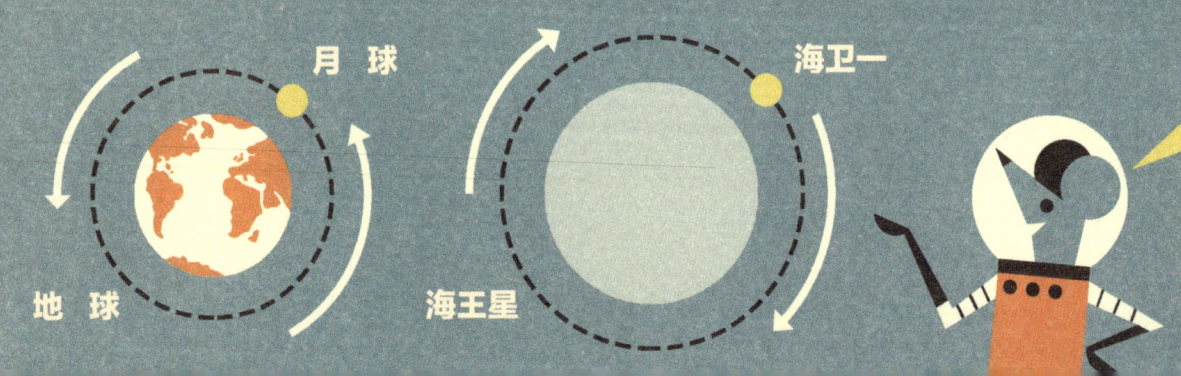

月球   海卫一

地球   海王星

海卫一是海王星最大的卫星,也是一颗相当奇怪的星球。它围绕海王星公转的方向与太阳系的其他卫星是相反的,也就是说,在古代它很可能曾被海王星撞击过。海卫一正慢慢地在靠近海王星——在遥远的将来,它可能会因海王星的引力而崩裂。

小行星和彗星

太阳系中除了行星和它们的卫星，还漂浮着其他天体，最常见的就是小行星和彗星了。在太阳系形成早期，这些岩石块和冰块并没有被行星清除，而是一直漂浮在柯伊伯带和小行星带上。

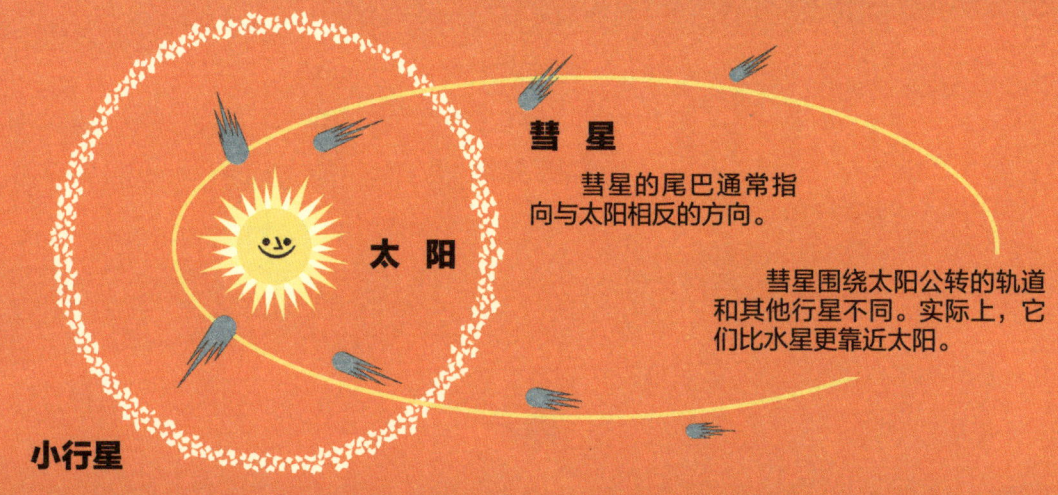

彗星
彗星的尾巴通常指向与太阳相反的方向。

彗星围绕太阳公转的轨道和其他行星不同。实际上，它们比水星更靠近太阳。

小行星

小行星

小行星位于火星和木星之间的小行星带。早期的太阳系是一大片由气体和灰尘组成的云状物，随着时间的流逝，逐渐融合成越来越大的块状物，并最终形成行星和卫星。小行星是太阳系形成后遗留下的残余物质，大多聚集在小行星带——其他地方的小行星会被逐渐变大的行星清除。到了今天依然如此：你所看到的流星就是穿越地球大气层时燃烧的小行星（只不过我们习惯将这些小行星称为流星）。

彗 星

彗星通常位于太阳系边缘的柯伊伯带。这里漂浮着大大小小的冰封物体，因为距离太阳太远，所以没有因太阳的引力而融合在一起。大部分的情况下是如此，但也有例外。这些岩石偶尔也会鬼使神差地朝着太阳系中心飞去，就像从山上滚落的巨石一般。彗星靠近太阳时，冰块会融化，只留下一条巨大而冰冷的尾巴——就是我们在地球上看到的那条尾巴。这些彗星会一再地从太阳面前飞驰而过，而后又回到宇宙深处。

人们总是很警惕小行星与彗星，担心它们与地球发生碰撞。科学家们几乎都认为恐龙灭亡是一颗巨大的小行星撞击地球造成的。当然，我们也不希望同样的事情发生在人类身上！还好，大部分的小行星都非常小，它们只会在大气层燃烧，不会坠落到地面。

夜晚的星空
北半球的冬天

在晴朗的夜晚，以下的星空分布图可以帮助你确定不同季节星座的位置。现在，你只需要一个指南针，用它确定"北方"在哪里后，仰卧下来，头朝北、脚朝南就可以啦。西边的地平线位于你的右侧，东边的地平线位于左侧。这和我们日常生活中是相反的——因为我们确定方向时是俯视地面的。所以，这些分布图并没有错。图上标明了各大星座的位置，赶紧打起精神，去寻找吧！

什么是星座？
星座是天空中的星星组合，古人将这些星星连接在一起形成图像——就像是点对点绘画一样。将星星组合在一起有助于我们对星星进行定位，因为在一年中的不同月份里，星星的位置也会发生变化。

夜晚的星空
北半球的春天

"猎户座"的形状像一个猎人。"双子座"是一对站在一起的双胞胎。"大熊座"呈一只巨熊的形状,其中七颗亮星组成北斗七星。"小熊座"的形状像一只小熊。"仙后座"的形状是一个巨大的"W",即便身处城市中也能看到。仙女座星系,是银河系外我们能用肉眼观察到的唯一的旋涡星系。

由于地球围绕着太阳公转,所以我们在夜空中看到的是宇宙的不同部分。因此,我们需要不同季节的星空分布图。

太阳系的行星散布在天空中，成为各大星座的背景。它们很容易就被误认为是恒星，但其实它们与恒星有着微妙的差别。行星的光芒比恒星稳定，恒星通常都是一闪一闪的。此外，行星在天空的位置每天都会变化，它们不会永远待在同一个地方。

夜晚的星空
北半球的秋天

木星和金星是最容易被观察到的行星，它们散发着明亮的白光，比其他行星更闪耀。第二容易被观察到的是火星，它和其他星球不同，散发的是橙色的光芒。水星、土星和天王星比较难发现，不过用肉眼仍是可以看到的。至于海王星，想看到它就必须得用望远镜了！

望远镜

我们对太空的大部分了解都是透过望远镜观察到的。几个世纪以来，人们一直用望远镜观察行星、卫星、恒星和星系。通过望远镜，我们不仅可以看到天空中天体的活动情况，还能由此得到大量关于太空的信息——比如星系的大小、光的速度和宇宙包含的物质数量等。

无线电

无线电天文望远镜是一个立在地上的碟形接收器。最大的无线电天文望远镜被装在天然山坑中。

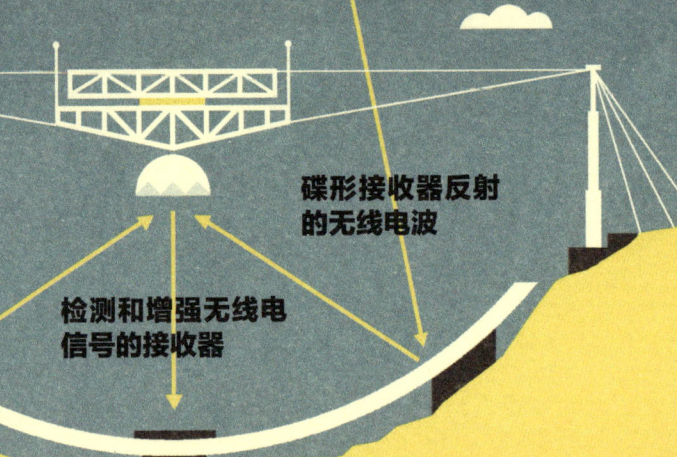

也有一些较小的碟形接收器，不过它们是成排排列起来的。将它们组合在一起，功能就相当于一个巨大的碟形接收器。

这类望远镜和光学望远镜不同，我们透过它们并不能真正地"看到"太空。它们只能用于接收太空中的无线电波，并将它们以图表的形式呈现出来，供科学家们研究。有了无线电天文望远镜，我们就能看到宇宙中最奇特的天体，如黑洞、脉冲星、类星体，甚至是宇宙最初的样子。

红外线

红外望远镜用于观测那些在宇宙中会发热、发出不可见光以及藏在气体和尘埃背后的天体（普通光会被气体和尘埃吸收，但红外线可直接穿过这些物质）。地面和太空中都有红外望远镜，甚至连飞机的后侧都装有这类望远镜！

无线电波	微波	红外线

许多望远镜就像是我们的眼睛一样，可以用来观测光线。然而，这并不是望远镜唯一的用处。除了彩虹呈现的那几个颜色——从红色到紫色外，还有许多我们无法用肉眼观察到的光线。所有这些光线组成了电磁波光谱。

此外，人类还发明了一些可以观测其他类型光线的望远镜，我们通过望远镜学到了许多宇宙的知识。下图呈现的是电磁波谱中不同类型的射线，以及用于观察这些射线的望远镜。

最著名的光学望远镜为哈勃空间望远镜，它可以观测到宇宙最深处和宇宙边缘的星系。

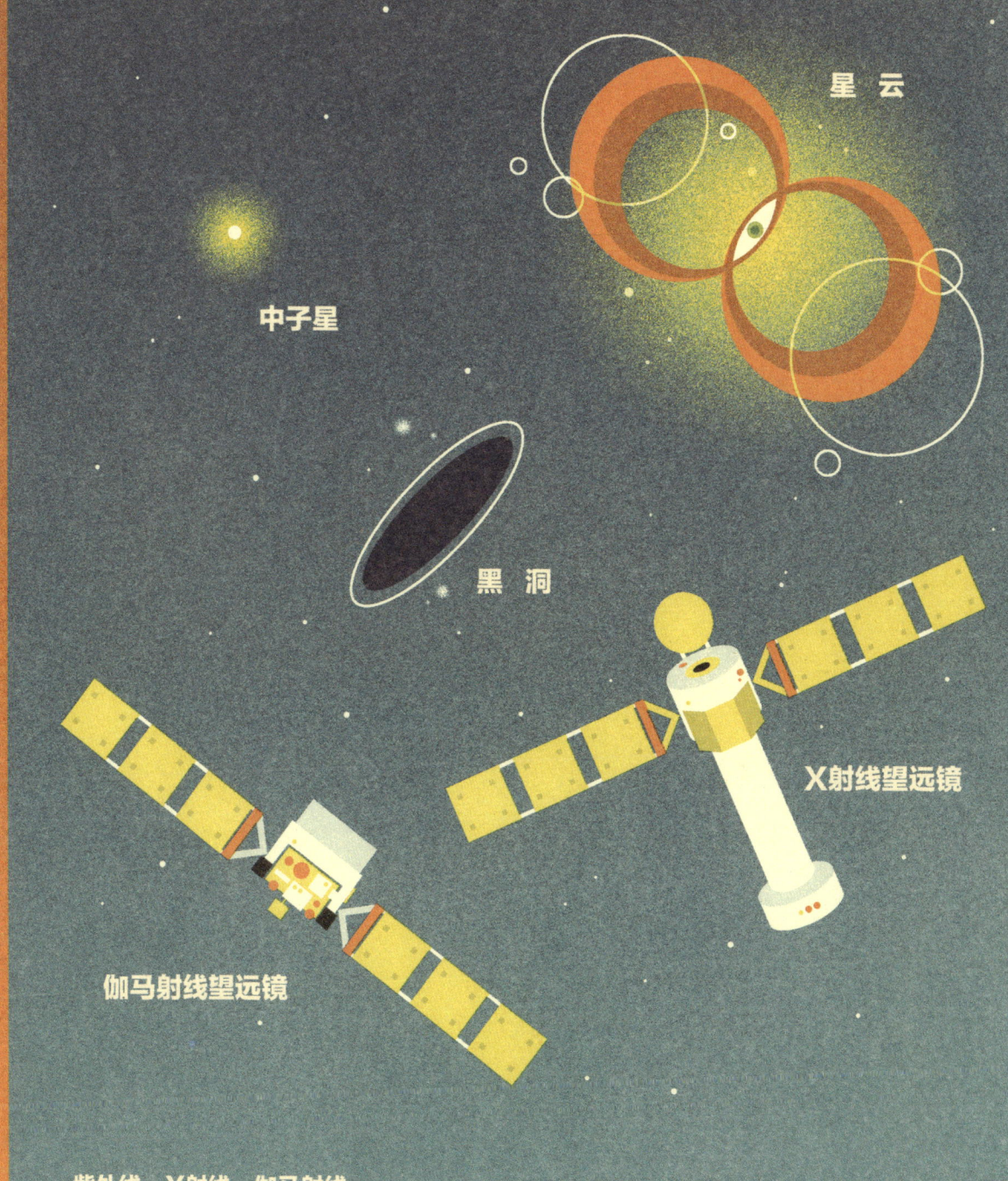

可见光

这类望远镜可以吸收普通光，让我们看到很远的天体，在观测时，它们和我们的距离似乎变近了。起初，望远镜只用于观测行星，后来随着望远镜的"眼睛越变越大"，人们也用它们来观测更远处的太空。

紫外线、X射线、伽马射线

观测紫外线、X射线和伽马射线的望远镜必须安装在太空中或高海拔地区，因为地球的大气层会吸收这类光线。这类望远镜用于观测太空的各种信号，以及所有奇特的天体，如星系的核心、星云、超新星、中子星和黑洞等。

| 可见光 | 紫外线 | X射线 | 伽马射线 |

恒星的消亡

夜空中的恒星并不是永远存在的。当它们的能量消耗殆尽时,它们的生命也就走到了尽头——这时候,恒星便会发生大爆炸。当恒星的氢元素耗尽时,它会开始将更重的元素融合在一起。这些元素会在恒星大爆炸后散落在太空中,它们形成了我们周围的一切:地球、行星、动物,甚至我们自己。因此恒星的消亡并不是结束,而是某些新物质的诞生。

几十亿年后,当太阳耗尽能量时,它会变成一颗红巨星,并因自身的重量而发生爆炸,最后变成一颗白矮星。这颗和地球差不多大,温度和密度却都高出许多的矮行星无法再将原子融合在一起,也将在失去热量的过程中逐渐冷却。

黄色的太阳

太阳逐渐变大,一直到其能量耗尽。

太阳实在太大了。最后它会因为自身的重量而爆炸,变成白矮星。

红巨星   **白矮星**

比太阳质量大得多的超巨星消耗能量的速度更快,它们的消亡方式更为壮观:发生大爆炸,即超新星爆炸。在几个小时内,一颗超新星所释放的能量远多于太阳存续期间释放的总能量,它散发的光芒就如一个星系那般明亮!超新星爆炸会留下大片的云状碎片,我们称之为星云。

超巨星

超巨星发生超新星爆炸。

超新星

中子星

超新星爆炸后,其内核会爆裂,变成一种超级"稠密"的天体,叫中子星。这种星体密度非常大,即便它的大小只相当于一颗方糖,重量却和珠穆朗玛峰相仿!

宇宙中最大的爆炸都是由质量最大的恒星造成的：这些恒星被称为特超巨星！它们的质量是太阳的一千多倍，爆炸更加壮观，被称为"超超新星"。特超巨星的内核爆炸非常猛烈和迅速，因此它会在时空中撕开一个口子，形成黑洞。黑洞的引力极大，即便是光也会被吸进去！

特超巨星

超超新星

如果你被黑洞吸进去了，你就能体验到"变成面条的感觉"——你的身体会变形，不断延伸，看起来如同面条一般。

在我们的星系中心存在着一个超大质量黑洞，我们认为每个星系的中心都存在着这样一个黑洞。它们就像空间和时间的巨大漩涡，拥有一个物理定律所无法解释的核心。

黑洞

未知的生命

我们生活在一颗围绕着太阳运行的行星上,当我们望向太空时,我们还可以看到许多其他的恒星。那么,问题来了:是否有其他生物生活在围绕着其他恒星运行的行星上呢?

到目前为止,我们并不能确定宇宙中的其他地方是否有生命存在。但至少,我们对地球和宇宙的了解更多了。我们的地球很可能不是唯一有生物生存的行星。也许在哪个星球上,生活着和我们一样的智慧生物呢!

地球上有些微生物可以在极端环境下生存,如黑暗的海洋底部和有毒的湖泊,人们由此得到了一些关于宇宙中存在其他生命的线索。如果这样极端的环境中都有生命存在,那么在木星的卫星——木卫二的冰盖下,或其他星球的含有奇特化学物质的湖泊中,也可能会有生命存在。

在地球上,有许多生物生活在海洋底部的喷口附近,这些地方完全没有光线。因此,在太阳系遥远的卫星上也可能存在生命,只要那上面有水和大量化学物质就可以。

盲鳗会清除漂浮在热液喷口附近的微生物。

科学家们认为,每六颗恒星中就存在着一颗拥有与地球类似环境的行星。也就是说,在我们的星系中,有170亿颗行星上可能有生命存在。科学家们发现,有几百颗行星在运行时会掠过一个星系外的其他恒星,他们观测到了越来越多这样的行星。一架名为开普勒探测器的空间望远镜一直在观测新生的类地行星,幸运的话,我们有一天会找到一颗和地球一样的行星。

找到一颗生活着微生物的星球固然令人惊奇,但找到一颗生活着智慧生物的星球更让人觉得不可思议!在太空找到另一种文明将是史上最令人惊奇的发现,因为这意味着,我们在宇宙中并不是孤独的。不过到目前为止,我们还未找到外太空存在着智慧生物的迹象,但探索仍会继续。

也许这里生活着细长的乌贼,它们是顶级的猎人,以其他生活在热液喷口附近的动物为食。

未知的生命

如果我们真的找到了外星人，他们会是什么样子的？

地球上的所有生命都是在碳元素的基础上建立起来的，但是碳可能并不是唯一组成生命的元素。硅是一种类似碳的元素，因而其他行星上的生命可能是由硅元素组成的。硅是沙滩上沙子的组成成分，也可以用来制作电脑芯片。

地球上有一种细菌被称为鼻涕（因为它们长得就像鼻涕），它们可以在极端的酸性环境下生存。因而一些星球上可能存在以硫黄为食的野兽，它们可以抵抗硫酸。

大多数生物都需要吸入氧气。但地球上有一些虫子，它们吸入的却是甲烷。土星的卫星——土卫六表面覆盖着甲烷，因此科学家们推断，在那个满是甲烷的星球上可能有外星人存在。

缓步动物是地球的一种小生物,它们在没穿太空服的情况下,可以在外太空生存!也许,外太空存在着一些不需要借助宇宙飞船就能去其他星球的动物——它们只需要动动自己的翅膀就可以了。

质量和密度较大的岩石星球引力也较大。这就意味着外星人必须更加强壮,这样才能支撑他们的重量。不过,这些星球上的物体也会比较小,因为大的物体容易崩裂。

相反的,在引力较小的星球上,动植物会长得比较高大,因为这里的一切都很轻盈。由于这里的大气层氧气稠密,所以它的天空就如同地球的海洋。因此你可能会看到外星鲸鱼在空中游泳。

太空的未来

未来的太空旅行会是怎样的？

在过去，进入太空的唯一方法就是进入航天局，执行科学任务。而在未来，任何人都可以进入太空，他们只需要买一张宇宙飞船票就行了。刚开始，飞船票肯定很贵，不过会慢慢变便宜的。

如果你成为宇航员，你可能会被派去执行一些激动人心的任务。你可能会成为在月球建立基地的小组成员，在月球基地上去开采月球稀有元素和材料，用它们制造宇宙飞船。你也有可能会去火星上执行任务，探索火星表面，看看那里是否曾有生命存在。

大概就是那里啦！

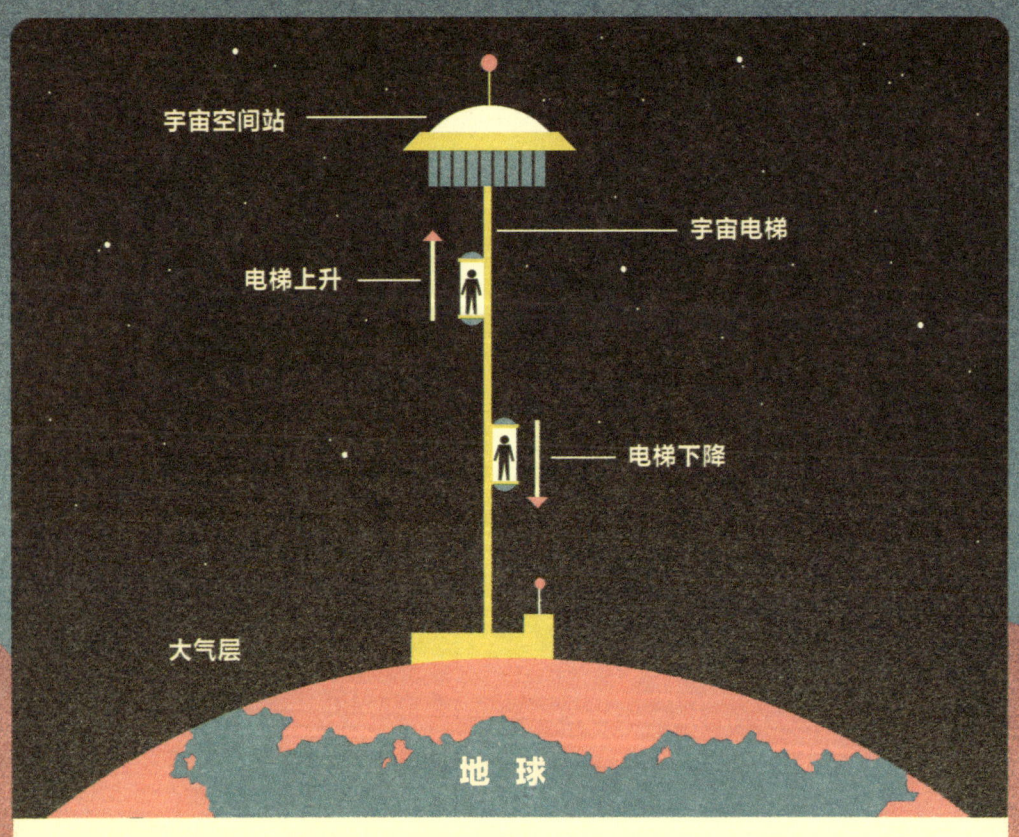

将人们送上太空的另一种方法是修建宇宙电梯。相当于有一条很长的绳子从宇宙垂落，然后将它的另一端绑在地球的某个固定点上。虽然修建宇宙电梯的难度很大，但和发射火箭相比，这种往返宇宙的方法便宜多了。

未来的太空服可能会采用紧身材料制作，而不是增压材料。到时只会设计增压头盔，以帮助穿着人员呼吸。这类太空服更容易制作，但穿着难度更大。

真的非常紧！

人们可能会去大型的空间站度假，这些空间站建在其他行星或卫星上。宇宙中的城市会采用从本星球开采的材料进行建造。为了与真空的宇宙隔开，会在城市上空覆盖一个注满空气的圆顶，帮助人们呼吸。一个大型的宇宙城可以利用巨大的太阳能电池板收集阳光来发电，人们可以在巨大的温室里种植蔬菜，城里的飞机场将会被太空船发射降落场所取代——那时，人们旅行乘坐的工具可是太空飞船哦！

太空的未来

在遥远的未来,人们可能会在宇宙中,而不是地球上制造太空船,并乘坐太空船去太阳系外观光,参观其他恒星。不过,他们得找到一条便捷的路线才行,因为其他恒星和行星都距离很远。

"醒醒,地球人!"

我们现在所使用的太空船的速度赶不上光的运行速度。然而,当未来的太空船运行达到一定速度时,会发生一件古怪的事,那就是它们在空间中的穿行速度越快,在时间中的穿行速度就越慢!这便是相对论效应——阿尔伯特·爱因斯坦发现的一个物理定律。太空船外面的人观察里面的人时,会觉得他们在做慢动作。而对于里面的人来说,一切都以正常的速度在运行,只不过旅程似乎短了许多。也就是说,一趟几千年的旅行给人的感觉不过才10分钟!未来,这将成为一种前往遥远星系旅行的方式,尽管所耗费的能量相当多。

对于从外往里看的人来说,你就像在做慢动作一样。

如果想要去其他的恒星和行星，人们可能需要在几百年的时间里进行深度睡眠，处于所谓的"假死"状态。太空船全程由机器人控制，到达目的地的时候，也由它们负责叫醒旅客。

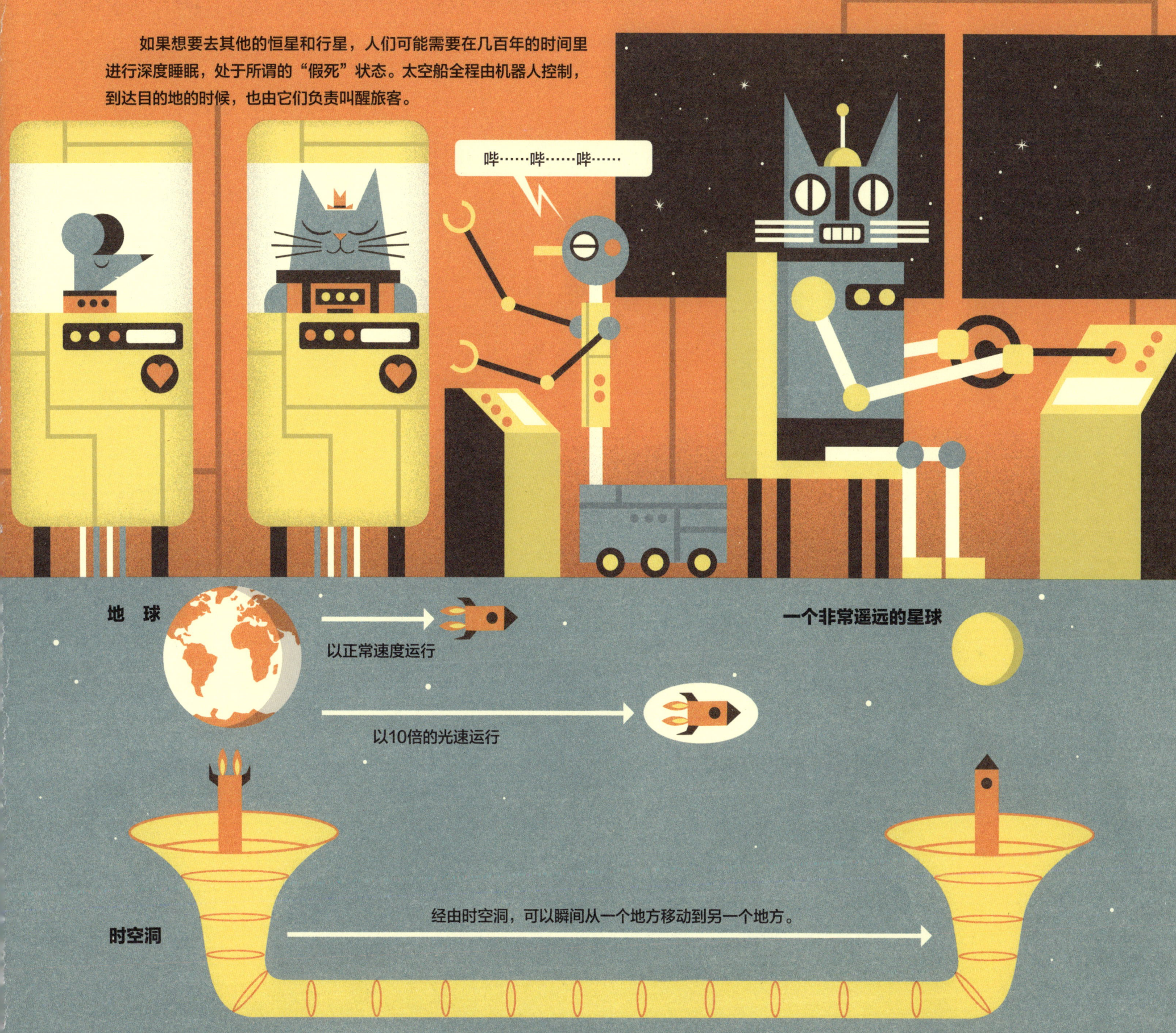

还有一种太空船的运行速度快于光速，那就是曲速引擎。这种太空船会扭曲其周围的时空，并在"气泡"中央运行。这时，它们的速度可以达到10倍的光速！

爱因斯坦相对论还预测了时空洞的存在。时空洞是一条时空隧道，两端是正常宇宙中距离非常远的两个地方。如果时空洞是存在的，那就表示你能瞬间从宇宙的一个地方去到另一个地方！

关于宇宙的小知识

人们难以算出宇宙到底有多大,因为它真的太大了!如果你要走路去月球的话,得走9年。而要走路去太阳的话,要走3500年。

我们都是恒星人,因为我们的身体是由原子组成的,而原子来自消亡恒星的内核。

从理论上来说,与黑洞相对的是白洞,它会像喷泉一样将物质和光往外喷射。

尼尔和巴兹在月球表面留下了一面镜子,可以反射地球科学家发射的激光。这样,科学家们就能精确地测出地球到月球的距离。

从地球去太阳系的其他行星或卫星时的路线并不是直的。因为这些行星或卫星都是移动的。你要算出它们将来的位置，然后将目的地定在那里！这项工作需要许多聪明的人和电脑才能完成。

单词"galaxy"（星系）来自希腊语"galaxies"，意思是奶白色的圆圈——"Milky Way galaxy"（银河系）这个名字就取自这个单词。

过去，人们认为地球是太阳系的中心。而尼古拉·哥白尼认为太阳才是太阳系的中心，地球围绕着太阳转动。他是提出这个理论的第一人。

1000多年前，中国制造了最早的火箭。

现在的宇宙中还有许多未解之谜等着我们去解决，每一个发现都会带来新的问题。所以，小朋友们，现在我们要将太空猫送到太空中去了，看看他到底能在那里发现什么。"在勇敢的科学家和宇航员的帮助下，我会努力去探索太空。也请小朋友们睁大眼睛去看看我们的天空，或许有一天你们也能乘坐太空船去参观星球，帮助人们解开宇宙边界的答案呢！"

词汇表

小行星
环绕太阳运行，比行星小得多的天体，大部分比木星更靠近太阳。

宇航员
由航天局训练并被送上太空的人。

原子
组成物质的基本单元，由质子、中子和电子组成。有许多不同种类的原子，也可以被称为元素（如氢、氦和氧）。

黑洞
时空中可以吸入物质和光的洞穴。

彗星
绕日运行的天体，运行至太阳附近时会产生一条尾巴。

星系
数十亿颗星星的统称。

密度
物质每单位体积内的质量。

电磁波谱
一系列不同频率辐射的总称。包括无线电波、红外线、可见光、紫外线、x 射线和 γ 射线等。

ESA
欧洲航天局

聚变反应
轻原子核结合成较重原子核的反应，会释放出大量能量。

气体
无形状有体积的、可变形可流动的流体。

引力
一种看不见的力，可以将物质集合在一起。

氦
宇宙中第二常见的元素，会在太阳中心燃烧。

哈勃空间望远镜
在地球轨道上运行的望远镜，拍下了太空中许多遥远天体的照片。

氢
宇宙中最常见的元素，由一个质子和一个电子组成。太阳燃烧的燃料之一。

特超巨星
宇宙中最大、最明亮的恒星的概称。

国际空间站
位于地球轨道上，由多个国家联合建立的空间站。

质量
物体所含物质的数量。

物质
构成宇宙间一切物体的实物和场。

陨石
坠落地面后残存的流星体，并没有完全烧毁。

流星
流星体进入地球大气层，而后燃烧产生的光迹。